KB110936

# 자연에서 발견한 위대한 아이디어 30

# 자연에서 발견한 위대한 아이디어 30

**99% 자연과 1% 과학의 만남,**
**바이오미메틱스가 세상을 바꾼다!**

• 김은기 지음 •

지식프레임

• 들어가는 말 •

# 자연이 곧 과학이다

유치원에서 방과 후 아이들이 우르르 뛰어나가는 모습을 본 적이 있다. 빨리 신발을 신으려는 아이들이 앞다투어 운동화의 찍찍이를 주욱 잡아당겨 붙인다. 그 장면이 재미있기도 하고 신기하기도 해서 한참을 바라본 기억이 있다.

인간이 만들어낸 발명품 중에서 가장 편리한 것 하나를 고르라면 나는 주저 없이 이 찍찍이, 즉 '벨크로'를 꼽는다. 아주 단순하지만 가장 편리한 아이디어 제품이다.

사람들은 이 제품이 어느 유명한 과학자가 몇 년간 고민을 거듭하여 만든 아이디어라고 생각하는 경향이 있다. 하지만 이 발명품은 실험실에서 일하던 연구자가 아닌, 그저 평범한 사람에 의해 탄생되었다. 가볍게 산보를 하다가 우연히 옷에 달라붙은 씨앗을 보고 힌트를 얻어 만들어낸 상품이 그야말로 대박을 터뜨린 것이다. 이 찍찍이는 70년 이상 팔리고 있는, 자연을 모방하여 만든 '생체모방 기술'의 대표이다.

신문을 보면 기발한 아이디어로 하루아침에 부자가 된 사람들이 자주 등장한다. 그런 기사를 볼 때마다 누구나 그 주인공처럼 멋진 아이디어로 돈을 벌고 싶어 한다.

필자 역시 회사에 근무할 때 여러 사람들이 모여서 새로운 제품에 대한 수십 가지의 아이디어를 내본 경험이 있다. 하지만 너무 허황되거나 이미 알려진 유사한 것들을 제외하고 나면 늘 남는 것이 별로 없었다.

그렇다면 도대체 '쓸 만한' 아이디어를 낼 수 있는 비법은 무엇일까? '쓸 만하다'라는 말에는 많은 의미가 있다. 톡톡 튀는 기발한 생각과 더불어 실제로 만들 수 있는, 즉 머릿속에서만 상상하는 것이 아니라 실제로 만들 수 있고 제대로 작동되어야 하는 현실성이 필요하다.

예를 들어, 개와 관련된 아이디어를 내고 싶다고 하자. 여기 세 가지의 아이디어가 있다.

첫 번째는 개를 잃어버렸을 때를 대비해 위치정보를 알려주는 개목걸이. 두 번째 아이디어는 개와 고양이가 대화를 할 수 있는 동물대화기. 세 번째는 개 코를 닮은 인공 냄새센서.

여러분이라면 과연 어떤 아이디어에 투자를 하겠는가?

첫 번째 아이디어는 실현 가능성이 높지만 누구나 생각할 수 있는, 즉 경쟁이 심한 분야여서 그다지 매력이 없다. 열심히 노력해도 수익이 날지는 미지수다.

두 번째 아이디어는 톡톡 튀고 참신할지 모르지만, 당분간 실현 가능성이 없다. 만들기도 힘들 뿐더러 성공 여부도 의문이다.

세 번째는 참신성이 있다. 물론 냄새센서는 이미 연구 중이다. 하지만 개 코를 그대로 모방한 연구는 아직 시도되지 않았다. 가장 큰 장점은 이미 개가 냄새를 잘 맡고 있는 코를 가지고 있다는 것이다. 즉 실현 가능한 기술이라는 점이다. 개는 냄새에 관한 한 가장 예민한 후각시스템을 가지고 있다. 이 원리를 그대로 모방하여 적용하면 가능성이 있어 보인다.

이처럼 아이디어는 참신한 창의성과 더불어 실현이 가능해야 한다. 구슬이 서 말이라도 꿰어야 보배가 되는 것처럼 실현될 가능성이 없다면 그것은 단지 아이디어일 뿐이다. 구름 같은 아이디어는 그저 뜬구름일 뿐이다.

자연에는 이미 완성되어 있는 기술들이 많이 있다. 동물, 식물, 미생물 등 모든 생물이 대상이다. 이런 생물체가 가진 놀라운 기술들을 연구하고 모방하는 분야를 '자연모방기술' 혹은 '생체모방기술(Biomimetics)'이라고 부른다.

모방이란 단어가 맘에 안 들 수도 있다. 하지만 하늘 아래 새로운 것은 없다. 모방은 창조의 어머니이다. 새로운 아이디어는 변화와 수정을 통해 한 단계 뛰어넘는 혁신의 과정인 것이다.

물속에서도 잘 붙는 접착제에 대한 아이디어가 필요한가? 그렇다면 바닷속의 험한 환경에서도 바위에 잘 붙어사는 홍합을 보고 따라 하면 된다.

건조한 기후에서 물을 모으는 아이디어가 필요한가? 그럼 사막에서 살아가는 딱정벌레가 어떻게 습기를 모아 물을 만드는지에 대한 원리를 알아내라.

에어컨 없이도 시원한 건물을 만들 아이디어가 필요한가? 한여름 땡볕에도 내부 온도를 낮게 유지하는 흰개미 집을 본떠 만든 아프리카의 이스트 게이트 센터 건물의 원리를 떠올려보라.

이 책은 자연에서 어떤 방식으로 아이디어를 얻고 있는지에 대한 사례들을 보여주고 있다.

1장에서는 우리 눈에는 띄지 않지만 작은 구조로 놀라운 능력을 보여주는 상어의 비늘, 방울뱀의 적외선 센서, 연꽃잎의 슈퍼 방수 기능 등을 소개한다.

2장은 아주 작은 생물인 미생물의 이야기를 다루고 있다. 김치에서, 된장에서 그리고 산속의 나뭇가지 등에서 살고 있지만 현미경으로나 볼 수 있는 이들이 하는 일을 관찰하다보면 작은 거인이라는 생각이 절로 든다.

3장에서는 자연의 기술을 다른 곳에 응용한 예를 보여준다. 암세포만 찾아가는 식중독 균을 이용하여 항암치료제를 개발하려는 이야기는 우리가 알고 있는 식중독 균의 다른 면을 보여준다.

4장은 인체에 관한 이야기이다. 아마 자연의 생물 중에서 가장 정교한 기계는 인체일 것이다. 특히 줄기세포의 무한한 가능성은 인류에게 밝은 내일을 예고한다. 튼튼한 방어벽인 피부와 잘 훈련된 경비견 같은 면역 시스템은 우리를 각종 병균으로부터 지켜주고 있다. 피부가 스스로를 지켜내는 기능을 모방한 기능성 화장품의 기술은 또 어떤가. 인체의 방어 기능을 잘 들여다보면 새로운 아이디어들이 새록새록 떠오른다.

마지막으로 5장에서는 미래에 다가올 위기에 대한 해법을 자연에서 찾는 방법에 대해 이야기했다. 지구의 에너지 문제는 식물이 태양에너지를 모으는 광합성을 모방한 인공광합성에서 답을 구할 수 있다. 또한 바다로 눈을 돌려 이미 태양에너지를 가장 잘 보관하는 클로렐라 같은 해양생물을 키워서 미래의 연료로 쓰는 아이디어에 대해서도 생각할 수 있다.

이 책은 필자가 대학교에서 바이오테크놀로지, 즉 생명공학기술을 강의할 때 많이 사용하는 내용이기도 하다. 대학교는 궁극적으로 좋은 학생을 육성하려고 노력한다. 특히 이공계 대학교의 경우, 새로운 것을 창조해낼 수 있는 말랑말랑한 두뇌를 가진 대학생들이 결국 대한민국을 키워나갈 수 있는 듬직한 기둥이 될 것이라고 생각하고 있다.

필자는 학생들에게 창의력을 키우기 위한 '창의력 개발'이라는 과목을 강의하면서 아이디어를 얻을 수 있는 최고의 장소로 자연을 강조한다. 앞서 언급한 찍찍이는 씨앗의 구조를 모방한 제품이지만 이런 물건 이외에 곤충 사이의 의사소통 방법, 물고기의 자식 사랑 등은 현대 사회에도 시사하는 바가 크다.

주위를 찬찬히 둘러보라. 길가에 피어 있는 이름 모를 꽃에도, 날아다니는 꽃씨에도 자연의 놀라운 기적이 숨어 있다. 우리는 단지 그것을 감사히 줍고, 새로운 것을 만들어내는 데 활용하면 된다. 그것이 바로 수많은 사람을 행복하게 만들기 위해 자연의 위대한 아이디어가 필요한 이유이다.

마지막으로 책을 처음 내는 두려움과 걱정을 자신감으로 바꾸어준 지식프레임 출판사와 윤을식 대표께 감사드린다.

2013년 봄
지은이 김은기

Contents

## Part 1 눈에 보이지 않는 자연의 재발견



## Part 2 세상을 바꾸는 작은 것들의 위대한 반란

## Part 3 자연의 역발상, 생각을 전복시켜라



## Part 4 몸, 자연이 준 최고의 선물



## Part 5 인류의 미래, 해답은 자연에 있다

자연에서 발견한 위대한 아이디어 30

# Part 1
# 눈에 보이지 않는 자연의 재발견

인체에 침투하는 병원균(병의 원인이 되는 균), 예를 들어 비브리오균 같은 세균은
어떻게 인체의 강력한 면역 보호막을 뚫는 것일까?
또 어떻게 항생제에 견딜 수 있는 것일까?
병원균끼리 무슨 보호막이라도 치고 있는 것일까?
아니면 자기들끼리 한 곳에 모여 있다가 인체의 면역 기능이 떨어졌을 때
한꺼번에 공격하자고 약속이라도 하는 것일까?

# 바다의 마린보이, 상어 비늘의 비밀
# 전신수영복

2008년 베이징올림픽 당시 마린보이 박태환 선수의 전신수영복 착용 여부는 연일 화제였다. 일명 '바디수트'라 불리는 전신수영복은 온몸을 감싸는 형태의 수영복을 말한다. 하지만 그는 전신수영복을 입었을 때 어깨 결림이 있다는 이유로 정작 본선 무대에서는 아쉽게도 착용을 하고 나오지 않았다.

물고기처럼 물살을 가르며 금메달을 딴 박태환 선수의 경기를 보면서 어린 시절 동네 아이들과 냇가에 모여 한바탕 신나게 놀았던 기억이 떠올랐다. 유감스럽게도 나는 수영을 잘하지 못했다. 아무리 발버둥 쳐도 물속으로 꼬르륵 가라앉는 일명 '맥주병'이었다.

이후 생물학을 공부하면서 사람의 몸은 애초에 수영을 잘하도록 만들어지지 않았다는 사실을 알게 되었다. 더욱이 사람의 몸과 피부는 물고기들의 그것과는 다른 방식으로 진화했기 때문이라는 것도.

사람이라면 누구나 유연하게 헤엄치는 물고기를 보면서 이런 생각을 할 것이다. '내가 물고기라면 깊은 물속을 마음대로 여행할 수 있을 텐데'라고 말이다.

## 바닷속 환경에 따라 진화한 상어

미국 동북부에 있는 보스턴은 바닷가재와 고래로 매우 유명하다. 나는 지금도 그곳에서 처음으로 보았던 고래를 선명하게 기억한다(사실 검푸른 심연의 바다에서 이루어진 고래와의 첫 만남은 공포스러울 만큼 섬뜩했다).

고래는 어마어마하게 큰 몸집에 비해 몸놀림이 뱀처럼 유연했다. 나는 고래의 멋진 수영 실력에 넋을 잃고 감탄했다. 그리고 이내 이런 생각이 들었다. '고래는 어떻게 저토록 빠르고 부드럽게 수영을 잘할 수 있을까?'

바다에 사는 동물 중 고래보다 더 빠른 것이 상어라고 한다. 상어와 고래의 최고 속력은 시속 40~55km에 이른다. '아시아의 물개'였던 수영선수 조오련의 최고 수영 기록이 시속 10km 미만이었다고 하니 상어는 그에 비해 약 4~5배나 빠른 것이다.

2010년 미국의 한 대학 연구팀은 물고기들의 몸매가 바닷속 환경에 최적화되어 진화해왔음을 밝혀낸 바 있다. 특히 상어 같은 동물은 빠른 속도로 물고기들을 추격해야 하기 때문에 유선형의 몸매와 강한 근육 그리고 마찰력이 가장 작은 피부 등으로 진화했다는 것이다. 만약 이 상태에서 조금이라도 다르게 변형되면 물고기들을 추격하는 데 효율이 떨어진다고 한다.

상어에게 있어 '속도'가 생존의 필수요소라면, 인간에게 '속도'는 좀 더 효율적인 기계를 만드는 데 필요한 요소다. 그래서 배나 항공기 등 운송수단을 연구하는 분야에서는 '속도'가 항상 큰 관심사다. 속도는 곧 시간이자 돈이기 때문이다.

특히 배는 표면에 닿는 저항이 클수록 속도가 떨어지고 연료가 많이 소모된다. 그래서 배나 비행기의 속도에 영향을 주는 저항을 줄이기 위해 사람들의 관심은 자연스럽게 바닷속을 시속 50km로 헤엄치는 상어에게로 쏠리게 되었다. 유선형 물고기의 모양을 본떠 배를 디자인한 이유가 바로 이 때문이다(물론 유선형의 형태에 따라서도 저항의 차이는 있다).

## 상어의 피부는 매끄러울까? 거칠까?

상어를 떠올리면 매끄럽고 탄력적인 피부를 상상하기 쉽다. 또 매끄러운 피부 때문에 물에 대한 저항력이 낮아 빠르게 헤엄칠 수 있을 것이라고 생각한다. 그러나 사실은 정반대다. 반질반질하고 매끄러울 것으로 생각했던 상어의 피부에는 수많은 돌기들이 있다.

유체의 흐름을 연구하는 사람들도 처음에는 이런 돌출 구조가 매끄러운 면에 비해 저항을 증가시킬 것이라고 생각했다. 하지만 놀랍게도 이런 돌기들이 물속에서의 저항을 오히려 감소시킨다는 사실을 발견했다. 돌기들에 의해 형성된 작은 물돌기들이 상어의 표면과 주위에 흐르는 큰 물줄기의 흐름 사이를 떼어놓는 역할을 함으로써 마찰을 최소화하는 것이다.

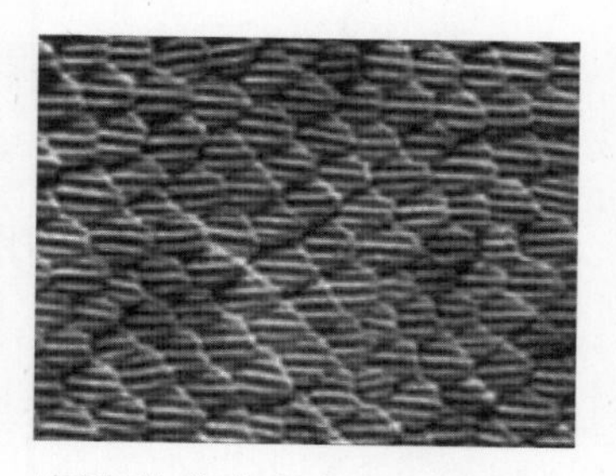
상어의 비늘에 있는 돌기들은 물의 저항을 줄이는 데 도움을 준다.

매끄러운 표면에서도 저항은 생긴다. 매끄러운 표면에서는 물의 흐름이 상대적으로 적어져 물의 흐름이 집중되는 부분이 생기는데, 그러다보니 돌기가 있는 표면에 비해 저항이 커져서 속도가 느려진다.

비행기의 경우 '풍동'이라는 실험 장치를 통해 돌기가 있는 표면과 매끄러운 표면의 속도 차이를 측정할 수 있다. 우선 한쪽에서 강한 바람을 불게 하고 가운데에 비행기나 측정하고 싶은 물체를 매어놓는다. 그런 후 물체에 부딪치는 바람의 힘을 측정하는데, 경우에 따라서는 연기를 피워 공기의 흐름을 눈으로 직접 보면서 그 차이를 확인할 수도 있다.

배 역시 비행기와 비슷한 원리를 이용해 실험해볼 수 있다. 커다란 수조에서 물을 일정 속도로 흘려보낸 후 물이 배의 표면에 걸리는 힘을 측정하는 것이다.

이러한 실험 결과를 살펴보면 매끄러운 표면보다 작은 돌기가 있는 표면에서 저항이 최소화되는 것을 알 수 있다. 이것이 바로 피부 표면에 작은 돌기를 가진 상어가 바닷속에서 수영을 잘할 수 있는 이유다.

## 상어의 돌기를 모방해 만든 전신수영복

전신수영복은 상어 피부의 작은 돌기를 모방해 만든 제품이다. 전신수영복이 국내에 알려지기 시작한 건 2008년 베이징올림픽 당시 수영선수 박태환이 경기에 입고 출전하면서부터다.

선수들이 전신수영복을 입고 나타났을 때 사람들은 매우 당황스러워했다. 그런데 전신수영복을 입은 선수들이 일반 수영복을 입은 선수들을 제치고 최고 기록을 갱신하자 사람들의 생각은 달라졌다(이후

2010년 세계수영연맹에서는 전신수영복 착용을 전면 금지시켰다. 선수들이 자신의 기량이 아닌 첨단 소재에 의지해 기록을 높이려는 것은 스포츠 정신에 위배된다는 판단에서다).

상어의 피부를 모방한 제품은 전신수영복 외에도 다양하다. 특히 항공 분야에서는 이를 적용하면서 경비를 절감했다. 비행기의 날개 부분을 유심히 관찰한 사람이라면 유선형의 날개 끝에 붙어 있는 조그만 돌기들을 본 적이 있을 것이다. 또 운이 좋은 사람이라면 비행기 날개 위를 지나가는 흰 연기 같은 공기의 흐름도 보았을 것이다. 그리고 돌기 근처에서 그 흐름이 약간씩 변형되는 것도 목격했을 것이다. 이렇게 비행기 날개 전체에 필름을 입히지 않고 날개 끝부분에 일부러 조그

비행기의 날개 끝에 있는 돌기 부분에서 공기의 흐름이 변형된다.

만 소용돌이를 만들어 공기의 흐름을 안정화시켜 비행기의 이착륙을 돕는 방법도 있다.

비행기 외에도 배나 잠수함 등에 돌기를 이용한 기술을 접목시키는 연구는 꾸준히 진행되고 있다. 좀 엉뚱하지만 연구 초기엔 배의 밑바닥에 붙어 있는 따개비나 조개, 굴 등이 상어 피부에 있는 돌기와 같은 역할을 할 수 있을 것이라고도 생각했다. 하지만 배에 달라붙어 있는 조개나 굴은 상어의 돌기 같은 역할은커녕 오히려 속도를 떨어뜨리는 골칫거리일 뿐이었다. 상어의 돌기는 손으로 만졌을 때 고운 모래가 붙어 있는 사포 같은 감촉이지만 조개나 굴은 상어의 돌기보다 훨씬 커 와류현상(물이 소용돌이를 치는 현상)을 일으키기 때문에 오히려 저항이 더욱 커지는 것이다.

보스턴에서 만났던 고래는 우리가 타고 간 배보다도 몸집이 컸다. 그런 고래가 유연하게 움직이는 것을 보고 '저 고래의 모습이야말로 가장 이상적인 배의 구조'일 것이라고 생각했다. 고래의 몸매는 오랜 세월 동안 물속에서 수영을 하기에 가장 적합한 구조로 진화해왔기 때문이다.

지금도 배를 연구하는 과학자들은 고래와 상어를 닮은 배를 만들기 위해 노력하고 있다. 자연은 이처럼 바다 위를 스치듯 나르는 수중익선 혹은 대기권을 통과하는 우주선 등 인간이 탈 것을 만드는 연구자들에게 끊임없이 힌트를 주고 있다. 마치 '날 따라 해봐요~ 이렇게!'

하는 것처럼 말이다.

## 전신수영복을 입으면 기록이 얼마나 단축될까?

물속에서 수영하는 동물이나 물 위를 달리는 배처럼 무엇이든 물에서 움직이려면 힘이 필요하다. 그리고 이 힘은 두 가지에 의해 결정된다. 즉, 물 자체를 밀어내고 움직이는 데 드는 힘(관성력)과 물과의 접촉에서 오는 마찰(마찰력)이다.
관성력은 배의 무게가 클수록, 혹은 수영하는 동물의 무게가 무거울수록 큰 힘이 필요하다. 마치 작은 승용차를 밀 때보다 큰 트럭을 밀기가 더 힘든 것과 같다. 마찰력은 물과 접촉하는 표면에 생기는 마찰 저항으로 물체의 무게와는 상관없이 표면이 얼마나 넓은가 또는 표면이 얼마나 거친가에 따라 결정된다.
이 표면마찰력은 수영에서 소요되는 전체 힘의 50%나 차지한다. 그리고 전신수영복을 착용했을 경우엔 수영복 표면에 있는, 아주 작게 튀어나온 부분(리블렛) 때문에 표면 저항의 5% 정도 감소 효과를 보인다. 그러므로 이 리블렛은 전체 힘의 2.5%(50%의 5%)를 감소시킨다고 볼 수 있다. 전체 힘을 2.5% 감소시킨다는 것은 0.01초를 다투는 수영 기록에서 매우 중요한 변수로 작용한다. 따라서 전신수영복을 입은 것과 안 입은 것의 차이는 매우 크다.

02

# 빛처럼 빠른 방울뱀의 먹이 사냥
# 적외선 센서

뱀은 인간의 15%밖에 되지 않는 시력을 갖고 있다. 귀는 퇴화되어 잘 듣지도 못한다. 그 대신 뱀은 진동에 민감하고 혀를 이용한 후각이 매우 발달되었다. TV나 백과사전을 통해서 한번이라도 뱀의 먹이 사냥 모습을 본 적이 있다면 그 기술에 혀를 내둘렀을 것이다. 과연 뱀은 어떻게 먹이를 잡아먹는 것일까?

사이드 와인더 미사일 로고. 뱀의 적외선 추적 원리를 이용한다는 의미를 담고 있다.

꼬리를 흔들면 방울을 흔드는 소리가 나는 방울뱀은 사막에서 좌우로 이동하며 남긴 흔적 때문에 '사이드 와인더(side winder)'라는 별칭을 갖고 있다. 과학자들은 사막 지역에 서식하는 이 방울뱀에 유독 관심이 많은데, 방울뱀이 먹잇감의 몸에서 발생되는 열, 즉 적외선을 감지하는 능력으로 사냥을 하기 때문이다.

## 적외선을 이용해 먹잇감을 사냥하는 방울뱀

우리가 흔히 보는 빛은 전기파와 자기파가 합쳐진 파동의 형태이다. 그리고 파동의 진동수에 따라 높은 것에서부터 자외선, 가시광선, 적외선으로 분류한다. 이 중 우리가 보는 자연의 색은 대부분 가시광선이다.

적색 파장의 외부에 있는 적외선은 적외선 감지기가 없으면 사람의 눈으로 직접 볼 수 없다. 그런데 방울뱀은 이 적외선을 본능적으로 감지하는 능력이 있다. 방울뱀에게 성냥불을 갖다 대면 바로 쫓아오는데, 이는 성냥불의 빛을 보고 쫓아오는 것이 아니라 열, 즉 적외선을 감지해 쫓아오는 것이다.

인간이 감지하는 가시광선의 파장은 400~700nm(나노미터. 빛의 파장같이 짧은 길이를 나타내는 단위. 1nm는 1m의 10억분의 1이다)이다. 그런데 방울뱀은 그것의 10배에 달하는 아주 넓은 범위의 적외선 파장(5,000nm)까지도 감지할 수 있다.

방울뱀의 콧구멍 아래에는 수천 개의 열 수용체(receptor)를 가진 '골레이세포'라는 것이 들어 있는 피트기관(뱀의 입 근처에 있는 작은 열 감지기관)이 있는데, 방울뱀은 이 피트기관의 각도를 통해 먹잇감의 위치를 감지한다. 방울뱀이 적외선을 흡수하면 골레이세포가 팽창하면서 전기가 발생하는데 방울뱀은 그 전기를 이용해 0.03초 내에 주위에 동물이 있는지 없는지를 파악하는 것이다.

뱀은 입 근처에 붙어 있는 피트 기관으로 지나가는 동물의 적외선 파장을 감지한다.

다른 뱀들 역시 적외선 탐지 능력을 갖고 있다. 그래서 과학자들은 뱀이 피트기관의 골레이세포를 팽창시켜 전기를 발생시키는 것처럼, 적외선을 받으면 팽창하는 제논기체(Xe, 비활성기체로 조명기구에 많이 사용되며 특히 초고속 사진 촬영 램프로도 많이 이용된다)를 이용해 최초의 적외선 측정 장치인 '골레이 셀(cell)'을 만들었다.

## 뱀의 적외선 탐지 능력을 모방한 제품

인체에서 나오는 열도 적외선의 한 형태이다. 그래서 적외선 탐지기를 이용하면 신체의 각 부위에서 발생하는 열을 감지할 수 있다. 적외선 탐지기는 주로 사람의 움직임을 포착하는 동작 감지 센서에 많이 이용되고 있다.

적외선의 세기를 감지하는 기술을 적용한 대표적인 사례는 남자 화장실이다. 소변을 본 뒤 사용자가 변기에서 멀어지면 그 열을 자동으로 측정해 물을 내리면서 변기를 청소하는 것이다.

건물의 자동문, 출입 감시 카메라, 방범 감시 센서 등도 모두 방울뱀의 열 감지 원리를 이용한 것이다. 최근에는 시내버스 출입구 위에도 적외선 탐지기가 설치되어 있어 사람이 버스에 타면 감시카메라가 자동으로 작동해 필요할 때에만 녹화가 되기도 한다.

그런데 적외선 탐지기가 반드시 좋은 일에만 사용되는 것은 아니다. 적외선 탐지 기술을 이용해 만든 미사일은 전투기 조종사들의 목숨을 앗아갈 수도 있기 때문이다.

전투기는 외부의 공기로 연료를 태우기 때문에 빠른 속도로 비행을 하면 엔진에서 연료를 태울 수가 없다. 횃불을 너무 빨리 흔들면 불이 꺼지는 것과 같은 원리다. 그러나 미사일은 다르다. 내부에 공기 역할을 하는 산화제가 있어 전투기보다 훨씬 빠른 속도를 낼 수 있다. 따라서 만약 4km 정도의 거리에서 적군이 미사일을 발사하면 아군의 전투기 조종사는 비행기 엔진 열을 추적해 쫓아오는 미사일이 도착하기 전까지(약 6초의 시간 동안) 엔진의 출구를 재빨리 닫아 열을 차단하거나 혹은 급커브 비행을 하여 자신의 목숨을 지켜야 한다.

## 보안을 책임지는 적외선 탐지 기술

뱀의 열 탐지 능력을 모방한 적외선 탐지 기술은 일상생활의 많은 부분을 변화시켰다. 특히 보안 분야의 발전은 놀라울 정도이다.

최근 들어 건물 내의 모든 경비가 점차 무인시스템으로 바뀌는 추세이며, 이는 경영 측면에서 큰 경비 절감 효과를 가져왔다. 특히 값비싼 보석들을 많이 보유하고 있는 금은방에서는 적외선 감지 장치를 설치해 외부인의 침입 여부를 감시한다. 만약 외부인이 건물에 침입하려면 적외선 감지 장치를 끄거나 자신의 몸을 실내 온도와 정확하게 맞춰야 한다. 그렇지 않으면 건물에 침입하는 순간 비상벨이 요란하게 울려댈 것이다.

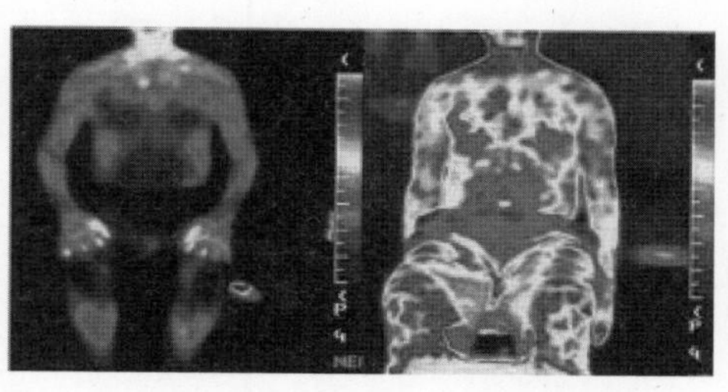

체온을 적외선으로 관찰하면 몸에서 열이 나는 곳을 알 수 있다.

앞으로 기술이 좀 더 발전한다면 보안상 출

입이 허락된 사람들에 한해 인체의 온도 패턴을 적외선 감지 장치에 입력시켜 더욱 확실하게 외부인과 내부인을 구별할 수도 있을 것이다. 또한 실내뿐만 아니라 실외에도 야간에 작동되는 적외선 CCTV를 설치하여 보안을 더욱 철저하게 유지시킬 수도 있다.

이밖에도 적외선 탐지기가 응용된 분야는 다양하다. 적외선 천문학 분야에서 주로 사용되는 적외선 망원경은 적색광보다 파장이 긴 영역의 전자기파인 적외선을 포착하기 위해 만들어진 망원경이다(이는 인공위성에서 기상을 관측하거나 우주를 관측할 때 사용된다). 또한 최근에는 적외선의 파장에 따라 피부에 침투하는 깊이가 달라진다는 점을 이용해 피부의 상태를 정확하게 측정하는 기계도 일반화되었다.

뱀은 무섭지만 똑똑하다. 또한 뱀이 가진 기술 또한 최고이다. 뱀의 열 탐지 능력을 이용한 미사일, 적외선 감지 장치 등이 개발되었지만 뱀의 숨겨진 능력은 아직 다 밝혀지지 않았다. 언젠가 뱀은 자신이 가진 또 다른 놀라운 능력을 인간에게 한 수 가르쳐줄 수도 있을 것이다.

## 수용체(receptor)란?

수용체란 세포의 벽에 붙어 있는 일종의 안테나로 각각 독특한 구조를 가지고 있는 단백질이다. 그리고 각각의 안테나에 맞는 신호물질이 달라붙으면 이 신호를 세포 내부로 전달한다. 신호를 받으면 세포 내부에서는 단백질 등을 만들기 위해 유전자가 켜지고 일을 한다. 어떤 바이러스는 이 같은 수용체의 신호를 모방해서 세포 내에 들어오기도 한다.

수용체는 세포 외벽에 많이 붙어 있는데, 세포는 세포 사이의 신호가 오가야 서로 소통을 할 수 있다. 따라서 수용체의 정확한 구조를 밝히는 것이 신약 개발의 지름길이다. 대부분의 질병이 수용체에 이상이 있는 경우이기 때문이다.

암세포의 경우에는 성장에 필요한 수용체가 정상 세포의 3~4배나 많아서 빠른 속도로 성장하기도 한다. 이 경우 암세포를 치료하는 방법 중의 하나는 성장수용체를 아예 막아버리는 것이다. 성장수용체에 달라붙는 물질, 예를 들어 그곳에만 달라붙는 항체를 외부에서 만들어 주사하는 것이다.

03

## 진흙 속에 피어난 연꽃의 선물

# 자동청소 유리

비가 세차게 퍼붓는 장마철에 운전을 하는 것은 꽤나 곤혹스러운 일이다. 와이퍼라도 정상적으로 작동된다면 괜찮지만 만약 그 와이퍼마저 고장이 났다면?
실제로 미국 유학 시절 그런 경험을 한 적이 있다. 어렵게 구입한 중고차를 타고 집에 오는 도중에 난감한 상황을 맞았다. 엔진 고장도 아니고 휘발유가 떨어진 것도 아닌, 고작 와이퍼 때문에 차를 세워야 했던 것이다.
빗물로 뿌얘진 유리창을 손으로 닦아보았지만 소용없었다. 그때 문득 아침마다 샤워를 하고 면도를 할 때마다 물방울이 거울에 뿌옇게 달라붙다가도 손에 비누를 묻혀 닦아내면 거울이 깨끗해지던 일이 떠올랐다.
나는 얼른 트렁크에서 비누를 꺼내 유리창을 빡빡 닦았다. 그러자 뿌옇던 시야가 환해졌다. 게다가 퍼붓는 비에도 유리창의 물방울이 깨끗하게 흘러내렸다. 그제야 미국에서는 비누가 자동차의 비상용품이라던 선배의 말을 이해할 수 있을 것 같았다.
나는 그때 또 이런 생각을 했다. 만약 빗방울이 달라붙지 않고 계속 또르르 흘러내리는 유리창을 만든다면 와이퍼가 필요 없게 되지 않을까?

## 연꽃에 물방울이 달라붙지 않는 이유

물방울이 떼굴떼굴 굴러다니는 식물이 있다. 바로 연꽃잎이다. 연꽃은 물이 흐르지 않고 고여 있는 연못 같은 곳에서 산다. 그런데도 더러운 물에서 피었다고는 상상할 수 없을 만큼 반짝반짝 빛난다. 표면도 마치 기름칠을 해놓은 듯 반들반들하다.

다른 식물의 잎에는 물방울이 달라붙는데 왜 연꽃잎 위에서는 물방울이 떼굴떼굴 굴러다니는 걸까? 이는 연꽃잎이 물에 대한 친화력이 없는 강한 소수성을 띠기 때문이다(물에서 사는 식물의 잎이 소수성이어야 하는 이유는 이산화탄소 및 산소가 출입을 하는 공기 구멍이 물에 의해 막혀선 안 되기 때문이지 않을까 싶다). 이런 현상을 '연꽃잎 효과(Lotus Leaf Effect)'라고 한다.

물방울은 잎의 표면과 접촉하는 각도, 즉 물과 친한 친수성과 물과 친하지 않은 소수성에 따라 그 모양이 변하는데, 소수성이 강할수록 물의 모양은 동그란 형태로 남아 있고 친수성이 강할수록 퍼진 형태로 남아 있게 된다.

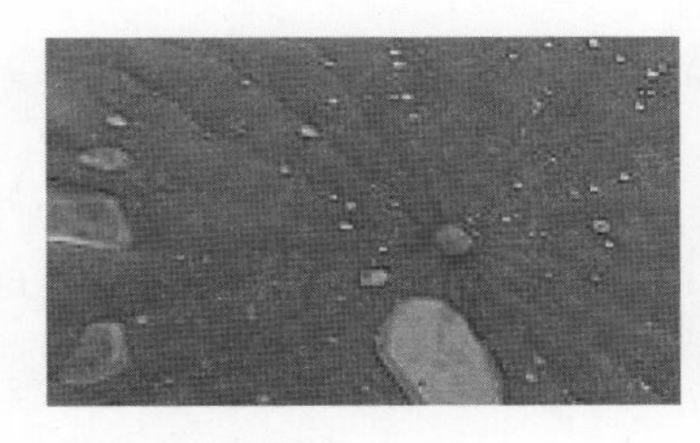
연꽃잎 위의 물방울

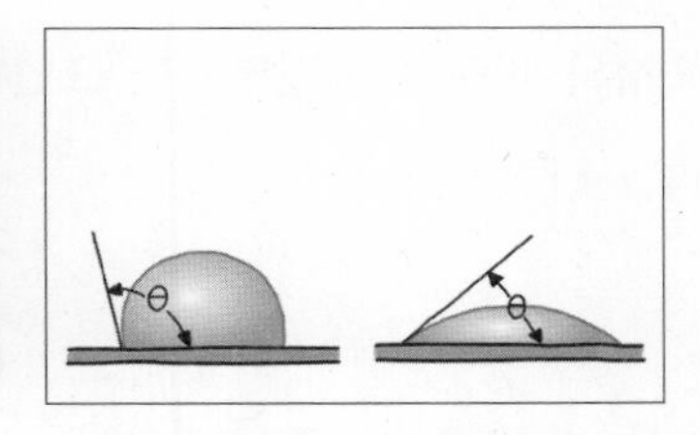

접촉각(물방울이 서 있는 각도)의 모습:소수성(왼쪽)이 친수성(오른쪽)보다 높은 접촉각을 가진다.

물방울이 잎의 표면과 접촉하는 각이 150도 이상을 이루면 물방울은 표면에 거의 떠 있다시피 한 상태가 되는데, 이것을 '극소수성(super-hydrophobicity)'이라 부른다. 연꽃잎은 바로 이런 극소수성을 띠고 있다.

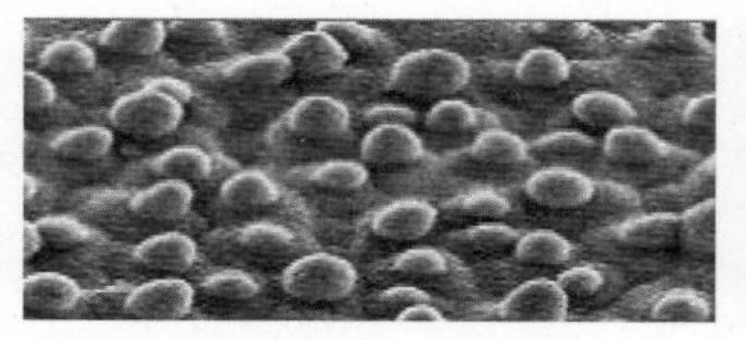
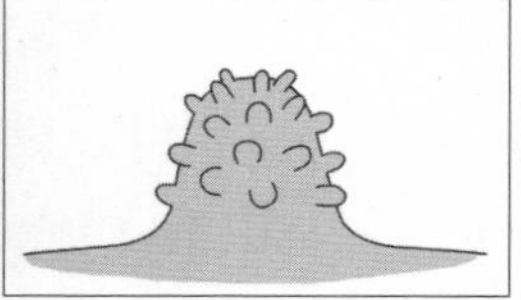

연꽃잎 표면의 돌기 구조.

물방울이 어떤 표면에 접촉할 때는 그 표면이 완전히 평평한 것보다는 울퉁불퉁할 때 물과의 접촉면이 적어진다. 그래서 잎의 표면 위를 반발하듯 데굴데굴 굴러다닌다. 특히 연꽃잎이나 토란잎처럼 넓은 잎을 가지고 있는 식물은 잎에 양초와 같은 왁스 성분을 울퉁불퉁하게 갖고 있다.

이와 달리 친수성을 띤 잎들은 거의 평평한 구조를 가진다. 결국 극소수성과 친수성을 결정짓는 요인은 울퉁불퉁한 면이 존재하는가에 따라 달린 것이다.

## 연꽃을 모방한 극소수성 페인트

연꽃잎의 극소수성 현상은 오래전부터 과학자들의 관심 대상이었고 그것을 모방하려는 연구가 활발히 전개되었다. 그렇다면 극소수성 표면의 제품은 어디에 적용할 수 있을까?

극소수성의 장점을 실생활에 적용할 수 있도록 재료학자들은 재료부터 구조까지 물방울과의 접촉각을 최대로 할 수 있는 원리를 찾아

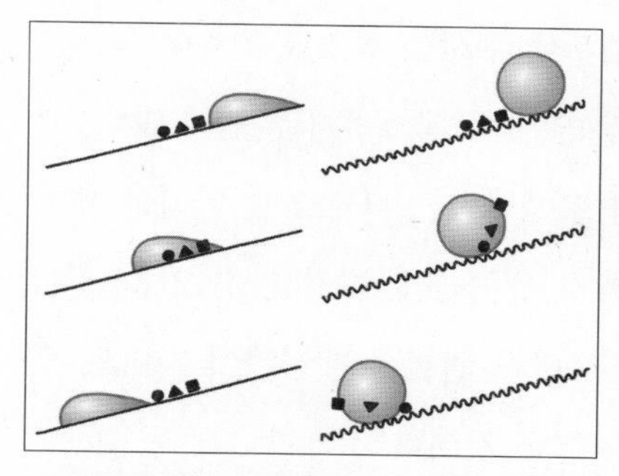
물이 흘러내리면서 자동청소가 되는 페인트 벽의 원리. 왼쪽은 일반 형태의 표면이어서 안 씻기지만, 오른쪽은 극소수성 표면이어서 표면에 있는 먼지 등이 같이 쓸려 간다.

냈다. 바로 연꽃잎에서 볼 수 있는 울퉁불퉁한 3차원 구조가 완전히 평면적인 구조보다 훨씬 더 효과적으로 물을 밀어낸다는 사실을 알아낸 것이다.

그렇다면 극소수성의 원리를 자동차 앞 유리창에 적용한다면 비오는 날 운전하기가 훨씬 더 편하지 않을까? 그러면 물방울은 굴러다니다가 유리창에 묻은 먼지까지 깨끗하게 청소해줄 것이다. 건물의 유리창 역시 마찬가지다. 스스로 청소되는 유리창이라니, 참으로 멋지지 않은가!

이외에도 물에 젖지 않는 표면이 필요한 분야는 많다. 배나 비행기의 외벽이 완전하게 물을 밀어내는 소수성을 띤다면 물로 인해 생기는 저항은 물론 연료비도 줄일 수 있다.

특히 선박의 경우 물과 배 표면 사이의 마찰로 인해 저항이 생기는데, 이 저항은 저속선의 경우 전체 저항의 70~80% 정도에 이르고 고속선의 경우엔 40~50%를 차지한다. 그러므로 배의 표면이 극소수성을 띠어 물 분자가 달라붙지 않게 되면 저항은 매우 감소한다. 이 같은 이유로 배 표면의 극소수성을 높이는 페인트가 개발된 것이다.

태양열 기판에도 같은 원리를 적용할 수 있다. 먼지로 더러워진 표면은 햇빛의 투과를 감소시키기 때문에 수시로 청소를 해주어야 하는데 높은 곳에 설치된 태양전지판을 일일이 청소하기란 쉽지 않다. 그러므로 비가 내릴 때 쉽게 먼지가 쓸려나가는 극소수성 원리를 태양전지판에 이용한다면 청소 문제까지 깨끗하게 해결할 수 있을 것이다. 또한 극소수성 페인트를 건물 표면에 칠한다면 시간이 지나도 오래도록 건물을 깨끗하게 유지할 수 있을 것이다.

## 연꽃, 세상을 바꾸는 신소재로의 변신

극소수성 유리가 자동차 앞 유리에 장착된다면 비 때문에 시야가 가려지는 일은 없게 될 것이다. 또 자동차의 유리창에 낀 먼지는 비가 오면 바로 빗물에 씻겨 내려갈 것이다. 이런 제품이 차체 전체에 쓰인다면? 아예 세차를 할 필요가 없게 될지도 모른다.

이런 극소수성의 원리는 물과 접촉하는 모든 분야에 큰 변화를 가져올 수 있다. 물속에서 사용하는 물안경의 경우 김이 서리는 것을 막기 위해 아예 표면을 극소수성 원리를 적용한 소재로 코팅할 수 있다.

물과 기름이 섞였다면 기름이 잘 달라붙는 극소수성을 띤 물질을 사용해 두 물질을 쉽게 분리할 수도 있다. 이 물질은 기름이 유출된 바다에서 원유를 회수할 때 유익하게 사용될 것이다.

그렇다면 우산이나 우비는 어떨까? 비가 오는 날이면 건물에 들어갈 때마다 축축이 젖은 우산 때문에 신경이 쓰이게 마련이다. 하지만 우산에 극소수성 코팅을 한다면 빗방울이 우산에 닿자마자 그대로 흘러내려 빗방울은 한 방울도 남지 않게 될 것이다.

연못에 핀 연꽃, 그 잎 위에 또르르 구르던 물방울은 신기한 현상이라 생각할 수 없을 만큼 흔히 보아왔던 풍경이다. 그렇기 때문에 우리는 연꽃잎이 다른 식물의 잎과는 다른 특별한 구조를 가지고 있을 것이라고 전혀 생각하지 못했다. 하지만 연꽃 속에 숨어 있는 극소수성의 원리는 생각할수록 놀랍다. 만약 연꽃잎 위에서 물방울이 또르르 구르는 모습을 주의깊게 봤더라면, 이를 이용해 빗물이 저절로 흘러내리는 자동청소 유리창을 한번쯤 생각해봤을 법도 한데 말이다.

04

# 병원균의 통신을 차단하는 비밀 병기
# 슈퍼항생제

태국 푸켓으로 여행을 갔다가 식중독에 걸린 적이 있다. 여행을 함께 갔던 일행 20여 명 중 18명이 해변에 있는 해산물 레스토랑에서 굴을 먹고 심한 설사와 구토 증세를 보이며 탈진 상태에 이르렀다.

굴은 영어 알파벳 중 R자가 들어가지 않은 달, 즉 5~8월을 제외한 달에만 먹어야 한다는 이야기가 있다. 여름철 해산물에는 대표적인 식중독균인 비브리오균이 쉽게 자라기 때문에 조개나 굴 등을 먹을 땐 특히 더 조심해야 한다.

그렇다면 인체에 침투하는 병원균(병의 원인이 되는 균), 예를 들어 비브리오균 같은 세균은 어떻게 인체의 강력한 면역 보호막을 뚫는 것일까? 또 어떻게 항생제에 견딜 수 있는 것일까? 병원균끼리 무슨 보호막이라도 치고 있는 것일까? 아니면 자기들끼리 한 곳에 모여 있다가 인체의 면역 기능이 떨어졌을 때 한꺼번에 공격하자고 약속이라도 하는 것일까?

## 병원균끼리도 서로 통신을 한다?

인체뿐만 아니라 동·식물에 침투하는 병원성 세균은 사람들처럼 서로 소통하는 능력을 갖고 있다. 이 세균들은 3,000마리가 줄을 서야 사람의 눈에 겨우 점 하나로 보일 만큼 작다. 그런데 이렇게 작은 세균들이 서로 소통을 하고 있다고 생각하면 정말 놀랍지 않은가!

인체는 세균이 먹고 살기 위해 꼭 필요한 장소이기 때문에 세균은 어떻게 해서든 인체에 침투해 번식하려고 한다. 하지만 섣불리 공격

했다가는 오히려 인체를 지키는 면역계의 공격에 자신들이 당할 수 있다. 그래서 개별적으로 공격을 하기보다는 적당한 곳에 몰래 숨어 있다가 세균 수가 늘어나게 되면 '이때다!' 하고 힘을 합쳐 총공격을 퍼붓는다.

세균들은 공격을 하기 위해 인체의 단백질을 이용하거나 자신들의 단백질을 첨가해 매우 튼튼한 방공호 시설을 만든다. 이 방공호 시설을 '바이오필름(biofilm)'이라고 한다. 이 바이오필름은 병원균에게 최고의 방공호 시설이다.

방공호는 끈끈한 단백질로 만들어졌기 때문에 외부의 공기에 노출되어도 습기를 유지할 수 있고 병원균을 공격하는 항생제로부터 안전하게 보호받을 수 있다. 또한 인체 면역계의 미사일이라 부르는 '항체'

와 '보체'의 공격도 피할 수 있다.

그런데 바이오필름을 만들기 위해서는 병원균끼리 서로 연락을 해야 한다. 그래야 역할 분담도 하고 각자의 상황을 파악할 수 있기 때문이다.

군대에서 일제 공격을 퍼붓는 것은 가장 기본적인 전술이다. 병원균들 역시 일제 공격을 위해 조용히 숨죽이고 있다가 공격 신호가 떨어지면 인체를 향해 총공격을 실시한다. 그런데 여기서 궁금한 점은 병원균들이 어떻게 공격 시기를 정확히 맞추느냐 하는 것이다. 그들에겐 우리처럼 서로 연락 가능한 휴대폰도 없고 무전기도 없을 텐데 말이다.

병원균은 방호막을 잘 만든다. 특히 낭포성 점착증(부드럽고 끈끈한 점막에 분비물이 많아지는 증세)이나 수술 후 나오는 분비물의 양을 측정하기 위해 요로 등에 삽입하는 기구인 카테터에는 병원균들이 더욱 쉽게 바이오필름을 만든다.

최근 연구에 의하면 병원균들은 인체의 세포 외벽에 침투해 일단 방공호에서 병원균 수가 늘어날 때까지 기다린다. 그러다가 병원균이 일정 수가 되어 공격 개시 신호가 떨어지면 일제히 밖으로 뛰어나와 독소를 뿜어내면서 인체의 세포들을 죽인다. 그렇게 되면 인체는 면역 전쟁에서 병원균을 죽이기도 전에 이미 많은 면역세포의 희생을 치러야 한다. 병원균과의 전투에서 면역계가 전멸하면 인간은 사망하게 되는 것이다.

## 병원균의 통신을 방해하는 미역

교묘한 침투 전략으로 일제히 공격을 퍼붓는 병원균과 인체 간의 전투는 지금도 계속되고 있다. 인체는 항생제라는 강력한 무기로 병원균을 무력화시키지만 얄밉고 약삭빠른 병원균들은 요리조리 잘도 빠져나간다. 더욱이 병원균 중에는 항생제를 분해하는 녀석들까지 생겨났다.

병원균들은 항생제를 분해하는 기능을 가진 효소(enzyme)라는 물질을 자체 내에서 생산한다. 그래서 인간이 새로운 항생제로 병원균들에게 강력한 펀치를 날리면 처음에는 그 주먹에 정신없이 맞다가 시간이 지나면서 한두 놈씩 정신을 차린다. 이렇게 주먹을 피하는 방법을 터득하고 정신을 차린 녀석들은 알고 보면 스스로 효소의 구조를 변화시키는 기술을 이용해 새로운 항생제를 분해한다. 특히 최근에는 여러 항생제를 한꺼번에 분해시켜 저항하는 세균(Superbug, 내성균)까지 등장했다.

인간도 이에 질세라 병원균 간의 통신을 교란시키는 새로운 항생제를 만들고 있다. 병원균들이 공격 신호를 기다릴 때 그 통신 물질을 분해하거나 변형시켜 병원균들이 하염없이 공격 신호를 기다리도록 만드는 것이다. 그사이에 인체는 면역 미사일이나 림프구 탱크 등의 공격으로 병원균들을 전멸시킨다.

이처럼 인체가 병원균들의 통신 수단을 교란시켜 병원균을 전멸시키는 방법은 이미 미역의 잎 표면에서 오래전부터 사용되어왔다.

미역은 생명의 통로가 바로 잎이다. 잎에 다른 미생물이 달라붙어 햇빛이 차단되면 광합성은 물론 외부와의 물질 교환도 하지 못하게 된다. 그래서 미역은 스스로 차단 물질을 내뿜어 잎 표면에 다른 미생물이 달라붙지 못하게 하거나 수많은 미생물 중에서 한 종류만 살게 하여 그 미생물이 다른 미생물을 차단하도록 하는 방법을 쓴다. 마음에 드는 미생물로 하여금 다른 미생물을 오지 못하게 하는 이이제이(以夷制夷)의 방법을 쓰는 것이다. 과학자들은 이런 현상에서 착안해 인체를 지키는 새로운 항생제를 찾아냈다.

생일에나 챙겨먹는 미역에서 뛰어난 차단 물질이 흘러나온다는 것은 생각지도 못했던 일이다.

## 항생제 남용과 오용의 위험성

인류는 푸른곰팡이에서 20세기 최고의 발명품인 항생제(페니실린)를 만들어 수많은 사람의 목숨을 구했다. 하지만 항생제의 부적절한 처방과 과용으로 인해 내성균들의 출현과 번식을 가속화시켰다. 더욱 강력해진 슈퍼 항생제 내성균이 등장한 것이다.

그러나 인류는 이 전쟁에서도 다시 짜릿한 한판승을 거둘 것이다. 세균 끼리의 통신을 방해하는 새로운 항생제를 만들어냈기 때문이다. 화이자 제약 등 다국적 제약회사가 항생제 개발에 엄청난 돈을 투자

하고 있다. 그들이 막강한 연구력과 천문학적인 자금을 들여서 개발하려는 것이 바로 병원균의 통신 교란 항생제이다. 물론 이것으로 끝나지는 않을 것이다. 병원균은 또다시 어떤 식으로든 살아남아 제3의 울트라 내성균을 만들어 대항할 테니까.

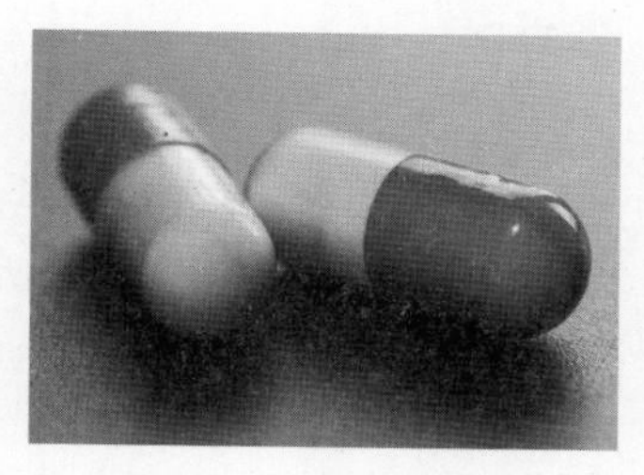

항생제의 오용과 남용을 막기 위해서는 의사가 정확하게 진단하여 환자에게 약을 처방해야 한다.

가장 강력한 적은 늘 가까이에 있는 법이다. 앞으로도 인류는 미역이 스스로 자체 방어 물질을 만들어 미생물 간의 통신을 차단하듯, 미리미리 새로운 병원균의 통신을 차단하는 물질을 만드는 데 전력을 다해야 할 것이다.

## 슈퍼박테리아란?

항생제는 내성이 있는 균이 몸 안에 들어왔을 때 몸속에 들어온 병원균이 작용하지 못하도록 막는 역할을 한다. 그러나 항생제를 자주 사용하다보면 항생제에 내성을 가진 균들이 살아남거나 돌연변이를 일으키면서 항생제에 대한 저항성을 갖게 된다. 그러다보니 항생제에 내성력이 강해진 병원균들을 치료할 목적으로 더욱더 강력한 항생제를 사용할 수밖에 없게 되는 것이다. 결국 약물 오남용의 결과로 어떤 강력한 항생제에도 저항할 수 있는 박테리아가 생겨나는데, 이를 '슈퍼박테리아'라고 한다.

## 바이오필름(biofilm)

미생물들이 모여서 형성한 얇은 막. 개울의 돌에 미끈미끈한 이끼가 끼어 있는 것도 하나의 바이오필름이다. 치아의 치석도 마찬가지다. 미생물들은 이렇게 막을 이루는 것이 유리하다. 상수도 내부에 이런 바이오필름이 형성되면 먹는 물에도 미생물이 자랄 수있다. 이것을 방지하기 위해 염소나 불소 등으로 소독하여 균이 자랄 수 없는 환경을 만드는 것이다.

바이오필름 속에서 살고 있는 미생물들은 필름을 통해 영양분과 산소 등이 투과되어야 살 수 있다. 이런 이유로 바이오필름은 두께가 두꺼워지면 안쪽의 균이 죽어서 떨어져나간다. 살고 있는 조건에 따라 바이오필름의 두께가 일정하게 유지되는 원인이기도 하다.

마취제의 혁신을 불러온 뱀의 독

# 마취확산제

아이들이 가장 가기 싫어하는 곳 중 하나가 바로 치과다. 또 치아를 뽑는 것만큼 무서운 것이 마취를 하기 위해 놓는 주사이다. 그것은 어른들도 마찬가지다. 눈앞에서 아른거리는 주사 바늘을 보는 것만으로도 다리에 절로 힘이 들어간다.

병원에서 주사를 맞을 때는 간호사가 주사를 놓으면서 엉덩이를 때리기 때문에 정작 주사를 맞을 때 통증을 별로 느끼지 못한다. 이렇게 고통을 줄이는 또 다른 방법은 마취 주사를 놓을 때 주사액이 금방 퍼지도록 하는 것이다. 그래야 마취 속도가 빨라지고 치료도 아프지 않다.

어른과 아이 할 것 없이 모두가 갖고 있는 주사의 공포.

그런데 어떻게 하면 주사약을 빨리 퍼지게 할 수 있을까? 독사는 자신의 이빨로 상대 동물을 물었을 때 그 독이 빨리 퍼지게 하는 방법을 쓴다. 그래야만 먹이를 기절시키거나 빨리 사망시킬 수 있기 때문이다. 그렇다면 독사의 독에 들어 있는 물질을 이용한 마취제를 만들어 인체에 순식간에 퍼지도록 한다면 치과 치료의 고통이 좀 더 줄어들지 않을까?

## 마취제여, 빨리 퍼져라!

치과에서 사용하는 마취 주사에는 '리도카인'이라는 마취제가 들어 있다. 이 마취제는 신경 전달을 차단하는 물질로 이를 뽑는 고통도, 이를 갈아내는 아픔도 느끼지 못하게 한다.

주사를 맞을 때 통증을 느끼는 이유는 주사를 포함한 모든 물리적 자극에 의해 조직 안에 있는 신경세포가 그에 어울리는 화학적 변화를 일으키며 전기 신호를 보내기 때문이다.

예를 들어 고추의 매운 맛은 통증 신호를 일으킨다. 고추에 들어 있는 물질(캡사이신)이 신경세포 벽에 있는 단백질 수용체에 달라붙으면서 세포 안에서 어떤 반응을 일으키기 때문이다. 그리고 이때 발생된 신호물질이 전기 신호로 바뀌면서 전선줄처럼 신경세포를 통과한다.

전기 신호를 받은 신경 전달 물질은 다른 신경세포의 끝으로 흘러가는데, 신경세포와 신경세포 사이의 간격을 '시냅스(synapse)'라고 부른다. 그 간격은 매우 작아서(1/1,000mm) 통증은 순식간에 전달된다. 하지만 신경 전달 과정을 차단하는 마취제 덕분에 치과 환자는 의사가 드릴로 이를 갈고 뽑아도 통증을 느끼지 못한다.

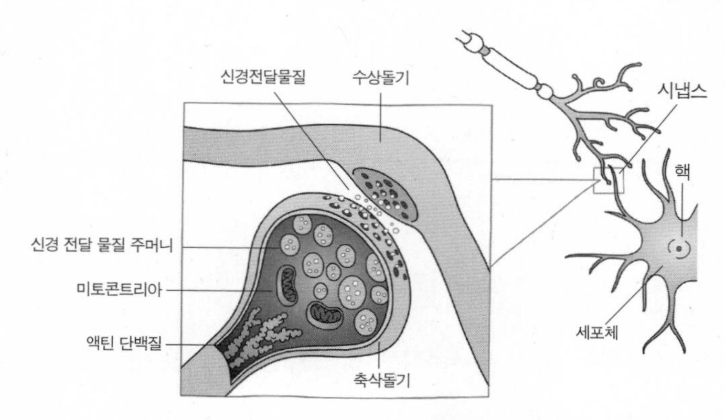


신경이 전달되는 과정. 전기 신호는 화학 물질을 나오게 하여 신경세포에 전달한다.

그런데 마취되는 속도가 늦어지면 어떻게 될까? 참으로 곤란한 상황이 발생한다. 마취가 될 때까지 환자는 의자에 앉아 한참을 기다려야 하고, 의사 역시 더 많은 환자를 치료할 수 없게 된다.

## 뱀의 독에서 태어난 마취 확산제

뱀에게 마취 속도는 생사를 다투는 문제와 직결된다. 뱀이 상대 동물을 물었을 때 그 독이 빨리 퍼져야 동물이 기절하거나 사망하는데 독이 천천히 퍼지게 되면 거꾸로 상대의 공격을 받을 수 있기 때문이다. 거북이처럼 두꺼운 껍질을 가진 것도 아니고 치타처럼 빠르게 도망가는 능력도 없는 뱀으로서는 상대를 독으로 재빨리 제압해야만 살아남을 수 있다는 것이다.

그렇다면 어떻게 해서 뱀은 자신의 독을 재빨리 퍼뜨리는 것일까? 독사가 사람을 물었을 때 그 독이 인체 내에서 빨리 퍼지게 하려면 일단 피부 안에서 그 독이 확산되어야 한다. 하지만 인간의 몸은 그렇게 호락호락하지 않다. 피부 안에 있는, 정확히 표피 아래에 있는 진피 중에는 히알루론산이라는 끈끈한 물질이 차 있는데, 그 물질이 독의 확산을 용이하지 않게 하기 때문이다. 이 물질은 상피조직(몸의 겉면, 기관의 내면과 장기의 겉면을 싸고 있는 막 모양의 조직)과 관절 결합조직, 신경조직에도 많이 들어 있다. 사실상 우리의 온몸에 퍼져 있다고도 할 수 있다.

히알루론산은 무릎 관절에서 연골을 이루는 주성분이다. 나이가 들면서 무릎 관절이 아픈 이유는 연골이 닳아 뼈 사이의 쿠션 역할을 제대로 하지 못하기 때문인데, 그래서 히알루론산 주사를 따로 맞기도 한다.

수분을 자기 무게의 2,000배까지 포함할 수 있는 히알루론산은 피부의 수분과 탄력을 유지시키며, 때로는 어떤 물질의 확산을 방해하기도 한다. 몸 전체에 마취제가 퍼지는 것을 방해하는 물질이 바로 히알루론산인 것이다. 그래서 뱀의 독에서는 히알루론산을 분해하는 물질이 함께 분비된다. 히알루론산을 분해하는 물질은 히알루론산 분해효소(Hylauronidase, HD)로 고분자를 저분자화해 점성을 떨어뜨리는 역할을 하는데, 독을 가진 생물들은 대부분 이런 히알루론산 분해효소를 갖고 있다.

히알루론산과 관련된 생물은 여러 종류가 있는데 그중 피부에 살고 있는 스트렙토코커스(Streptococus)란 균은 히알루론산 생산효소와 분해효소를 동시에 가지고 있다. 이 균은 참으로 대단한 기술을 갖고 있다. 피부 층에 살면서 히알루론산을 생산해 캡슐 형태로 뒤집어쓰고 다니는 것이다. 그러면서 사람을 포함한 동물의 면역 방어망을 교묘히 피해 다닌다. 마치 독일군이 주둔해 있는 지역에서 미군이 독일 군복을 입고 있는 것과 같다.

피부에 살고 있는 세균 이외에도 히알루론산 분해효소를 갖고 있는 것이 있다. 바로 동물의 정자다. 동물의 난자는 히알루론산이 포함된 난자 벽을 갖고 있다. 그래서 정자가 난자에 수정될 때는 머리 부분에 들어 있는 분해효소가 난자에 구멍을 내고 그곳으로 유전자를 밀어 넣는다. 이것이 바로 수정이다.

정자가 난자의 외벽을 녹이는 방법을 전투 기술로 말한다면 탱크 폭탄의 원리와 비슷하다. 탱크 폭탄은 탱크의 외벽에 닿는 순간 높은 온도의 불꽃이 발생하면서 구멍을 만들어낸다.

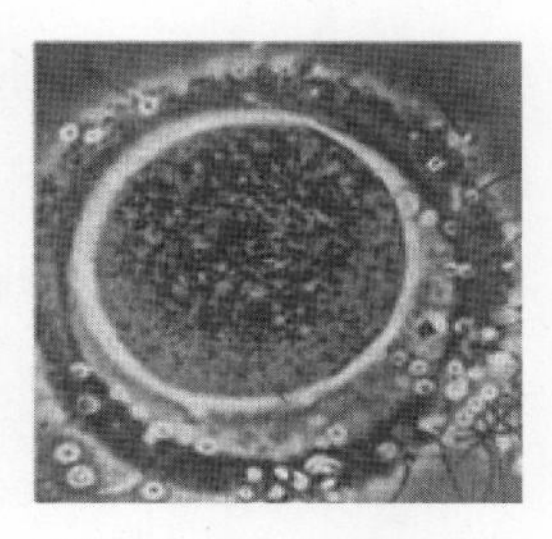
난자를 뚫고 들어가는 정자. 앞부분에 히알루론산 분해 물질이 있다.

주사의 성분이 인체에 좀 더 빨리, 좀 더 잘 퍼지도록 주사제와 함께 공급되는 확산제에는 바로 이 히알루론산 분해효소가 들어 있다. 특히 치과에서 쓰이는 국소마취제에도 마취제가 잘 퍼지도록 도와주는 이 효소가 들어 있다. 이러한 마취제는 뱀의 기술을 사람이 모방한 것이다.

물론 뱀의 독에서 분해효소를 분리해 바로 사람에게 사용하기는 좀 위험하다. 독에 다른 성분이 함유되어 있을 가능성이 크기 때문이다. 그래서 지금까지 의료계에서는 소의 고환에서 분해효소를 추출해 사용해왔다. 그러나 최근 들어서는 광우병이 번지면서 소의 부산물에서 얻은 물질을 주사제로 사용하는 것도 중단되었다. 그래서 이에 대한 대응책으로 소의 고환에서 해당 유전자를 복사해 생산된 효소를 사용한다.

## 뱀의 지혜를 다양하게 활용하는 방법

치과의 공포에서 해방시켜준 마취 확산제에는 뱀의 지혜가 숨어 있었다. 그렇다면 우리는 마취 확산제 이외에 또 어떤 것을 뱀에게서 배울 수 있을까? 그러기 위해선 몸 안에 퍼지는 독을 조금이라도 막아보려는 물질인 히알루론산이 어떤 역할을 하는지부터 알아야 한다.

최근에 피부암이 진행되는 과정에서 암세포가 히알루론산의 장벽을 없애기 위해 장벽 분해 물질인 히알루론산 분해효소를 분비한다는 것이 밝혀졌다. 즉 피부 암세포가 피부에 있다가 다른 곳으로 전이를 할 때 마치 밀림 속을 헤치고 나가듯 장벽 물질을 녹인다는 것이다.

피부암은 매우 무서운 암이다. 한번 피부를 통과해 다른 장기로 전이되면 상당히 위험하다. 그래서 이를 방지하기 위해서는 분해효소를 억제해야 한다. 일단 암세포가 퍼지지 못하면 집중적인 치료로 암세포를 죽일 수 있기 때문이다. 그렇다면 뱀의 독에 있는 마취 물질과 난자를 뚫고 들어가는 정자의 히알루론산 분해효소에 대한 연구는 어쩌면 피부암으로부터 우리를 구하는 데 필요한 아이디어를 줄지도 모른다.

동물의 체온을 아주 짧은 시간에 측정해서 공격하는 적외선 탐지 능력과 먹잇감을 빠른 시간 내에 죽일 수 있는 독까지, 뱀은 생존을 위해 나름대로 최적의 공격 무기들을 갖고 있다. 그런데 뱀에 대한 호기심은 여기서 끝나지 않는다. 어떻게 해서 뱀은 이런 독으로부터 스스로를 안전하게 지킬 수 있을까? 어떤 방식으로 자신보다 큰 동물들을 집어삼키는 것일까? 날씨가 추운 한겨울에도 체온을 유지하는 뱀을 보며 에너지 절감의 방법을 배울 수는 없을까? 두고 두고 고민하고 연구해볼 일이다.

06

# 전복 껍질, 신소재의 가능성을 꿈꾸다
# 바이오세라믹

충남에 있는 무창포 해수욕장은 넓은 모래사장으로 유명하다. 인근 섬인 석대도까지 바닷물이 열리는 시간에 가면 게나 조개를 줍는 행운도 얻을 수 있다. 특히 조개껍질은 여행의 기념품으로 가져올 만큼 껍질 색이 영롱하다.

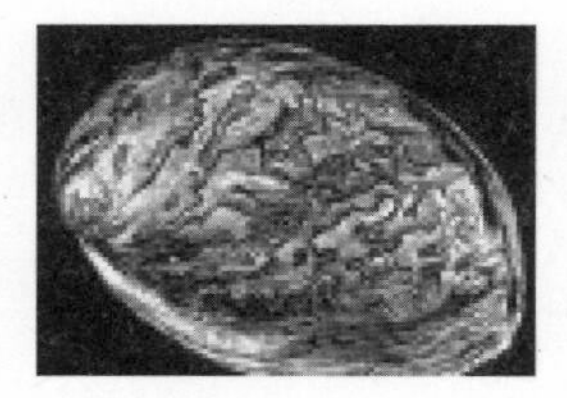

자개장으로 쓰이는 전복 껍질. 영롱한 빛깔이 아름답다.

전복은 조개류 중에서 가장 아름답고 단단한 껍질을 갖고 있다. 덕분에 잘 다듬어진 전복 껍질은 고급 가구인 자개장으로 재탄생하기도 한다.
그렇다면 바다에 있는 생물들은 말랑말랑한 알에서 시작해 어떻게 그렇게 단단한 껍질을 만들어낼 수 있게 된 것일까? 전복의 구조를 모방하면 탱크도 만들 수 있다고 하는데, 인공적으로 전복 껍질을 본뜬 새로운 소재를 만들 수는 없는 것일까?

## 전복 껍질은 최고로 단단한 방호벽

이 세상에는 껍질이 단단한 동물들이 매우 많다. 그중 우리의 입맛을 자극하는 전복, 소라, 게 등은 매우 단단한 껍질을 갖고 있다. 특히 전복은 강철처럼 단단한 껍질로 연약한 내부를 보호한다.

전복의 구조는 층층이 쌓여 있는 벽돌담처럼 되어 있으며, 이 벽돌담의 주성분은 분필의 주요 성분이기도 한 탄산칼슘이다. 그런데 분필은 쉽게 부러지지만 전복 껍질은 망치로 내리쳐도 잘 부서지지 않을 만큼 단단하다. 이는 탄산칼슘이 어떤 형태로 되어 있는가에 따라 달라지기 때문이다.

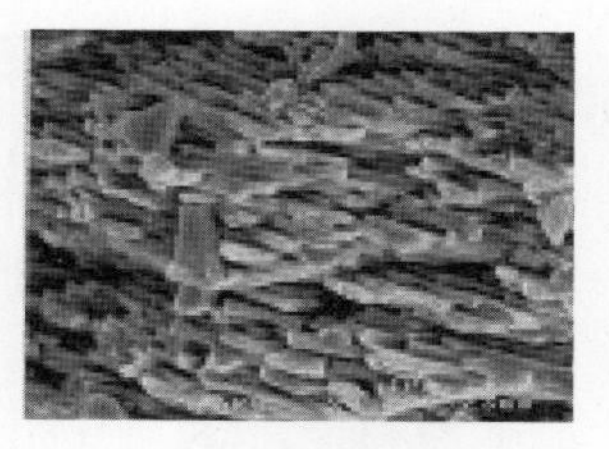

전자현미경으로 본 전복 껍질의 구조. 벽돌담처럼 층층히 쌓여 있는데 주성분은 탄산칼슘이다.

전복 껍질은 탄산칼슘으로 이루어진 구조를 아주 단단히 붙이는 세포 내의 접착제 성분인 키틴(chitin, 게나 새우와 같은 갑각류, 곤충의 외피 및 미생물의 세포에 많이 분포하며 단백질과 복합체를 이루고 있는 다당류) 덕분에 단순한 벽돌 구조로 이루어진 분필보다 훨씬 강한 물질이 되었다.

전복 껍질 구조의 특징은 시멘트, 모래, 자갈, 물 등 여러 종류의 물질이 잘 섞여야 강해지는 콘크리트처럼 여러 가지 물질이 혼합되어 있다. 예를 들어 한옥에 주로 사용하는 흙벽돌의 경우에도 흙만 사용하지 않고 흙에 볏짚을 짧게 잘라 섞는다. 그래야 흙이 건조해지면서 갈라지는 것을 방지하고 더욱 단단해질 수 있는 것과 같다.

생물체에는 이런 단단한 구조를 가진 물질들이 많이 있다. 생체무기물질, 생체세라믹, 바이오미네랄 등이 그것으로, 조개껍질, 게 껍질, 사람의 뼈, 이빨 등을 비롯해 사람의 장기에 생겨 불편함을 주는 돌도 이런 구조를 가진 물질이라고 할 수 있다.

유리섬유보강플라스틱(FRP)으로 만든 보트나 욕조 등에 쓰이는 물질 등은 유리 섬유(글래스파이버)와 플라스틱의 복합체이며 테니스 채나 골프 채도 탄소 섬유와 플라스틱의 복합체다. 우리 몸의 뼈나 이빨도 칼슘, 마그네슘 등의 무기질과 단백질, 다당류 혹은 인지질 같은 고분자 물질 등으로 합쳐져 있다. 뼈의 경우엔 칼슘과 하이드록시아파타이트(HAO, 염기성 인산칼슘으로 암석 혹은 골격 치아에서 발견되는 물질)가 60% 함유되어 있으며 치아의 에나멜 층은 무려 97%나 함유하고 있다.

치아의 에나멜 층을 확대한 사진. 에나멜 층은 무기질과 콜라겐 같은 접착제로 이루어져 있다.

뼈와 치아의 경우 무기질 사이를 단단히 붙잡아두는 것은 콜라겐이다. 콜라겐의 구조는 세 가닥이 꼬여 있는 형태로 되어 있는데, 그 3차 구조가 반복되면서 세기가 강해진다.

## 실험실에서 만드는 전복 껍질

전복은 물속에서 칼슘을 전복 내부로 섭취해 껍질을 단단하게 만든다. 전복의 생체 내 반응은 효소(enzyme)라는 일꾼 단백질에 의해 진행되는데 이 일꾼이 없으면 반응이 거의 일어나지 않는다.

탄산칼슘을 만드는 효소는 CA(Carbonic Anhydrase, 탄산무수화효소. 이산화탄소와 물을 탄산수소이온과 수소이온으로 바꾸는 것을 촉매하는 효소)라고 불리는데, 칼슘에 탄산($CO_3$)을 붙이는 일을 한다(사이다의 톡 쏘는 맛이 탄산인데, 이 탄산은 물에 이산화탄소를 넣으면 생긴다). 전복 같은 조개류나 꽃게 같은 갑각류에서는 이 CA 효소가 칼슘과 탄산을 결합시키는 주요 역할을 한다.

CA의 정확한 역할은 이산화탄소가 물에 녹는 속도를 높이는 일이다. 가만히 놔두어도 이산화탄소는 물에 녹지만 CA를 사용하면 그 속도가 무려 천만 배나 높아진다. 실제 이러한 방법으로 실험실에서 직접 탄산칼슘을 만들 수도 있다.

물론 전복 껍질 같은 완벽한 구조를 만들려면 좀 더 시간이 필요하다. 대신 어쩌면 꽃게가 그 답이 될 수도 있다. 양식이 비교적 어려운 꽃게는 알에서 부화해 어른 게가 될 때까지 여러 번 성장 단계를 거치는데, 이때 흥미로운 것은 조그만 새끼 게가 어미 게가 될 때까지 무려 27번이나 껍질을 벗는다는 것이다. 그래서 인도네시아에서는 일부러 게의 다리를 잘라 게의 껍질을 연하게 만든다. 게의 다리를 자르면 왜 껍질이 연해지는지 그 이유는 분명하게 밝혀지지 않았지만, 그 방법을 알아낸다면 앞에서 설명한 CA 효소를 이용해 탄산칼슘 결정체를 만들고 그것을 접착제인 생체 고분자에 끼워넣어 단단한 게 껍질이나 전복 껍질을 만들 수 있을 것이다.

## 미래의 물질, 바이오세라믹

과학자들이 생체무기물, 즉 바이오세라믹에 눈을 돌리는 이유는 이것이 기존에 보아왔던 물질과 다른 새로운 구조를 하고 있기 때문이다. 예를 들어 어떤 생물체는 자기 몸 안에 은의 결정체를 만든다. 물속에 녹아 있는 수용성 은이온으로부터 새로운 구조의 은 결정체를 만드는 것이다. 실험실에서는 새로운 결정체를 만들기 위해 완전히 액체로 녹여 다른 구조로 변하도록 조건을 만들어야 하지만 생물체는 평상시 기온이나 대기압이 낮거나 높은 상태에서도 이런 구조를 만든다.

인공 뼈의 구조. 인공으로 제작한 무기질 사이를 생체접착제가 채우고 있다.

현재의 바이오세라믹은 친수성이 강한 특성 때문에 생체와 관련된 물질을 개발하는 데 쓰이고 있다. 대표적으로는 치아나 뼈의 복구를 도와주는 임플란트, 생체 내에서 안정된 상태를 유지하기 때문에 인공 관절, 인공 뼈로도 사용된다.

인류가 비행기를 만드는 주재료인 두랄루민 등의 합금을 개발하여 금속 재료 시장의 범위를 넓혔듯이, 이제 새로운 물질인 바이오세라믹의 발견으로 생체무기물로 만든 신소재의 시장 규모는 점점 더 커질 전망이다.

# Part 2
# 세상을 바꾸는 작은 것들의 위대한 반란

미생물은 생활하기 힘든 환경이 되면 바로 저장고 같은 포자(홀씨, spore)를 만들어
장기간 그 상태로 지낼 수 있다. 그러다가 주위 환경이 좋아지면 다시 살아난다.
그렇다면 이렇게 포자를 만들고 다시 살아나는 미생물의 기술을 인간에게 적용할 수는 없을까?
그럴 수만 있다면 가까운 미래에는 인간이 원하는 날까지 자신의 생명을 보존하고 연장할 수 있지 않을까?

07

# 작은 박테리아가 만든 거대한 세상
# 인공눈

필자가 1980년대 후반 공부했던 코넬대학교는 미국 중부 북부에 위치해 있는데 겨울이면 내내 집 안에만 틀어박혀 있어야 할 정도로 추위가 매우 혹독했다. 그러나 겨울이면 스키를 즐기는 그 지역의 사람들 덕분에 스키를 타러 가는 일이 일상이었던 적이 있다.

미국의 스키장은 슬로프에 쌓여 있는 눈이 두껍고 촉감이 솜이불처럼 매우 부드러운 편이다. 그러나 유학을 마치고 돌아와 찾았던 한국의 스키장은 매우 열악했다. 바닥이 훤히 드러난 슬로프를 보며 스키장을 다시는 찾지 않게 되었다.

사람을 찾아보기 힘든 미국의 스키장. 그곳의 눈은 솜이불처럼 푹신하다.

그러다가 최근 아이들의 등쌀에 못 이겨 다시 찾은 스키장의 상황은 많이 달라져 있었다. 눈의 두께도 제법이었고 촉감도 예전과는 달랐다. 바로 성능 좋은 제설기를 설치했기 때문이었다. 그 기계 덕택에 눈은 시원찮게 내렸어도 스키장은 추억을 만들려는 사람들로 활기가 넘쳤다.

## 빙핵단백질이 만들어낸 함박눈

보통 영하 10도의 공기에서 수분이 서로 뭉치면 눈이 되어 땅으로 떨어진다. 그러나 만약 온도가 영하 40도 이하로 내려가도 서로 엉겨 붙을 것이 없으면 얼음은 생기지 않는다.

얼음이 서로 엉겨 붙게 만드는 물질을 '빙핵(ice nucleation)'이라고

현미경으로 본 눈송이.

부르는데, 빙핵에 물과 주위에 있는 수분이 달라붙어 지상으로 떨어지는 모습을 현미경으로 관찰해보면 아주 멋진 눈송이를 감상할 수 있다. 눈송이는 주위의 수분이 뭉쳐지면서 점점 크기가 커져 함박눈으로 변한다.

눈과 마찬가지로 비도 빙핵이 있어야 형성된다. 구름이 가득한 상공에 요오드화은을 뿌리면 요오드화은은 상공에서 얼음 알갱이를 형성하며 주위에 있는 수분을 모은다. 그러다가 고도가 낮아지면서 공기의 기온이 올라가면 얼음 알갱이는 물방울로 변해 비가 되어 내린다.

요오드화은은 지상에서도 뿌릴 수 있다. 지상에서 뿌리면 요오드화은은 연기처럼 상공으로 올라간다. 인공강우 기술이 비교적 일찍 발달한 중국에서는 베이징올림픽 때 맑은 하늘을 만들기 위해 일부러 인공강우를 내리게 한 적도 있다.

우리나라 역사에서도 기우제를 지낼 때 청솔가지 등으로 연기를 피웠다는 기록이 있다. 현명한 우리 조상들은 연기가 빙핵 구실을 해서 비를 내리게 한다는 사실을 일찌감치 알았던 것이다.

빙핵 현상은 1946년, 냉장고에 넣어둔 드라이아이스 가루에 얼음 결정이 생기는 것을 보고 발견되었다. 이후 빙핵 물질을 만드는 박테리아가 발견되면서 이 분야의 연구는 급속도로 발전했다.

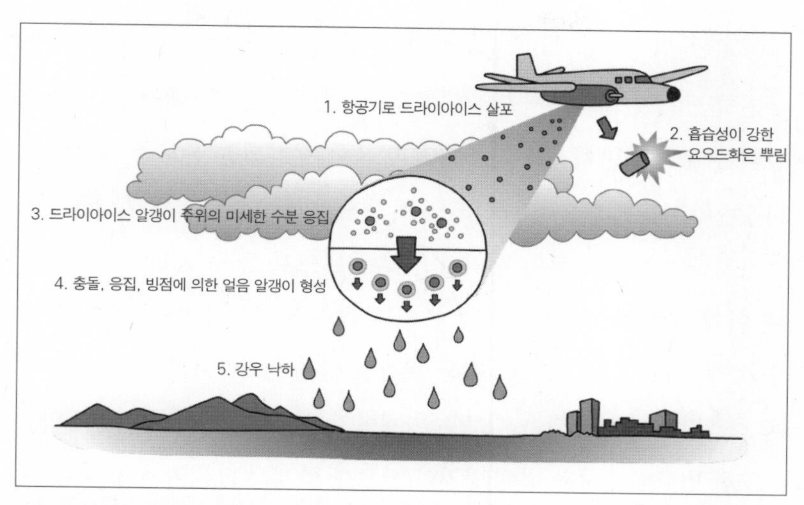


인공강우 원리. 수증기가 충분한 곳에 미세 입자를 뿌려 서로 엉기게 한 후 비가 되어 내리게 만든다.

1980년, 미국 위스콘신대학의 한 연구원은 서리(식물 표면에 수증기가 얼어 붙는 현상)에 의한 농작물 피해를 연구하던 중 어떤 식물에서는 낮은 온도에서도 냉해가 생기지 않는데 어떤 식물에서는 냉해가 생기는 이상한 현상을 발견하게 되었다. 그리고 냉해가 생기는 식물에 붙어 있는 박테리아가 어떤 물질, 즉 빙핵단백질(ice nucleation protein)을 만들어낸다는 것을 알아냈다. 빙핵단백질은 박테리아에 의해 만들어져 식물 외부에 노출되었는데, 빙핵단백질이 빙핵 역할을 하여 식물의 잎 부분에 얼음이 생기는 것을 도운 것이다. 그래서 평상시에는 영하 5도에서도 식물 외부에 물이 얼지 않지만, 빙핵단백질이 있으면 영하 5도만 되어도 얼음 결정이 생겨 식물 조직이 파괴되었다.

## 스키장에서 진가를 발휘한 박테리아

우연히 발견된 빙핵단백질은 인공 눈이 필요한 스키장에서 그 진가를 발휘했다. 빙핵단백질을 사용하면 얼음이 형성되는 온도를 무려 8도나 높일 수 있고 얼음이 형성되는 시간을 38%나 단축시켰다.

스키장에 눈을 만들어 뿌리려면 낮은 온도로 물을 냉각시켜야 하는데 이제 빙핵단백질만 있으면 온도를 많이 낮추지 않아도 눈을 만들 수 있다. 이로 인해 상당한 비용 절감도 할 수 있게 되었다. 그래서 전국 스키장에서 사용되는 대부분의 제설기에 빙핵단백질이 사용된다.

또한 빙핵단백질은 냉해 방지가 필요한 곳에서도 많이 사용된다. 요즘엔 비닐하우스에서도 작물 재배를 많이 하는데, 그렇다 해도 대부분의 작물은 여전히 날씨와 온도의 영향을 많이 받는다. 특히 냉해는 농작물을 망치는 대표적인 방해꾼이다(늦가을, 강원도 산간지방에 서리가 내려 폭삭 주저앉은 배추를 본다면 냉해의 영향을 쉽게 이해할 수 있을 것이다).

실제로 매년 냉해로 인한 작물 피해가 미국에서만 10조 원에 달한다고 한다. 그런데 이 냉해를 방지할 수 있는 방법이 한 가지 있다. 식물 표면에 붙어 자라는 빙핵단백질 생산균에서 해당 단백질을 만드는 유전자를 제거한 박테리아를 만드는 것이다. 이 박테리아를 식물 표면에서 함께 자라도록 하면 진짜 빙핵단백질을 생산하는 원래의 생산균은 상대적으로 수가 적어져 식물은 냉해 피해를 적게 입는다.

이 연구는 미국 버클리대학 스티븐 린도우 교수에 의해 진행되었는데, 그는 유전자 재조합 기술을 이용해 밭에서 빙핵단백질이 없는 균을 실험하고자 했다. 하지만 인공적으로 유전자를 조작한 균(Genetically Modified Organism, GMO)을 자연 상태에 적용하려면 조심해야 할 부분이 많았다. 실내에서의 실험과는 달리 야생에서는 언제 어떠한 변수가 발생할지 모르고, 또 한 번 변수가 발생하면 다시는 문제를 되돌릴 수 없기 때문이다.

린도우 교수의 실험은 냉해를 막는 균을 생산하는 데 과학적으로 충분히 가능성이 있는 방법이었다. 하지만 이러한 야생 실험은 환경보호론자들의 반대에 부딪쳐 안타깝게도 무산되었다. 이 실험은 완전히 새로운 균을 식물에 뿌리는 것이 아니라 빙핵단백질을 만들지 않는 균을 뿌리는 일이기 때문에 다른 종에 미치는 영향이 그리 크지 않을 것이라 예상되었기에 더욱 아쉬울 수밖에 없었다.

## 얼음을 만드는 미생물이 세상을 바꾸다

눈을 만들어낼 수 있는 기술 덕분에 이제 많은 사람들이 눈이 오지 않는 날에도 스키장에서 겨울을 만끽할 수 있게 되었다. 이는 얼음을 만드는 능력을 가진 미생물이 생존에 유리한 환경에서 진화했기 때문이다. 잎에 얼음이 생기면 잎이 파괴되고 그 안에서 미생물의 먹이가 되는 당분이 흘러나와 얼음을 만드는 미생물이 살아남을 수 있었던 것이다.

우리 주변엔 얼음을 이용한 산업적인 제품들이 많다. 팥빙수나 아이스크림과 같은 냉동식품처럼 얼음이 얼어야 좋은 것이 있는가 하면 겨울철 차량에 들어가는 부동액처럼 냉각수가 얼지 않도록 해야 좋은 것도 있다. 반면 남극에서는 영하 40도의 물속에서 사는 물고기들도 있다. 따라서 이런 자연 현상에 관심을 갖고 연구를 하다보면 온도가 낮아져도 얼지 않는 물질을 찾아낼 수 있을 것이다.

이처럼 하찮은 미생물이 우리에게 인공눈을 만드는 기술을 알려주었다. 흙속에는 이런 미생물들이 그램당 수백만 마리가 있으며 가까이에는 우리 손에도 살고 있다. 아마 지구가 멸망하는 극한 상황에서도 이들은 살아남을 것이다. 그러므로 어쩌면 그들에게 부여한 '하찮다'는 말은 도리에 맞지 않은 표현일지도 모르겠다. 미생물은 눈에 보이지 않을 정도로 작지만 놀라운 능력을 가진 작은 거인들이기 때문이다.

## 레인메이커(Rain Maker)란?

가뭄이 들었을 때 기우제를 드리는 아메리카 인디언 주술사를 부르는 말이었던 '레인메이커'는 비가 없는 하늘에 인공적으로 비를 만들어내는 인공강우 전문가를 뜻한다.

인공강우 기술은 2008년 베이징올림픽 당시 맑고 깨끗한 하늘을 유지하기 위해 중국이 막대한 예산을 투자해 자주 시도되었다.

기상 전문가들은 인공강우를 무분별하게 시행하기보다 지구 환경에 미칠 영향력을 고려해 시도해야 한다고 주장한다. 또한 막대한 예산에 비해 강우 효과가 그리 크지 않기 때문에 사용에 신중을 기해야 한다고 말한다.

한편 미래에는 응결제(요오드화은, 염화칼슘)가 아닌 전기장으로 구름이 없는 하늘에 구름을 만들어낼 수 있는 기술이 개발될 전망이다. 대기에 떠 있는 수많은 입자들을 전기장으로 교란시켜 수증기를 끌어모으는 방법으로, 미항공우주국에서는 비를 내리게 하는 기술에 대해 지속적으로 연구하고 있다.

08

살아 있는 금고, 포자의 환생

# 미생물 장기 보존제

경북 안동에서 450년 된 조선시대 미라가 발견된 적이 있다. 치아부터 발바닥 문양까지 선명하게 보일 정도로 미라는 보존 상태가 우수한 편이었다.
미라는 사후 생체에서 습기가 완전히 제거되어 더 이상 부패가 진행되지 않는 환경에서만 보존이 가능하다고 알려져 있다. 자연의 생물체들 중에는 바짝 말라 미라처럼 죽은 듯 보이는 것이 있는데, 그들이 미라와 다른 점은 수십 년이 지난 후에도 물과 온도만 맞으면 다시 살아난다는 것이다. 예를 들어, 꽃가루나 씨앗 등은 몸 안에 자신들의 유전 물질을 갖고 있다. 시골에 매달아 놓은 옥수수 씨앗을 몇 년 뒤에 밭에 심으면 다시 살아나는 것을 본 적 있을 것이다. 곰팡이나 박테리아 등 아주 작은 생물체까지도 이런 놀라운 생존 기술을 갖고 있다.

씨앗으로 매달아 놓은 옥수수. 몇 년 동안은 이렇게 보존되어도 끄덕없다.

미생물은 생활하기 힘든 환경이 되면 바로 저장고 같은 포자(홀씨, spore)를 만들어 장기간 그 상태로 지낼 수 있다. 그러다가 주위 환경이 좋아지면 다시 살아난다.
그렇다면 이렇게 포자를 만들고 다시 살아나는 미생물의 기술을 인간에게 적용할 수는 없을까? 그럴 수만 있다면 가까운 미래에는 인간이 원하는 날까지 자신의 생명을 보존하고 연장할 수 있지 않을까?

## 생존을 위한 금고, 포자

미생물은 주위에 먹을 것이 떨어지면 종족 보존과 생존을 위해 아주 튼튼한 금고인 포자(홀씨)를 형성한다. 놀라운 것은 포자를 형성하라는 신호를 미생물 사이에서 주고받는다는 것이다. 일테면 '지금은 바실러스균(포자를 형성하는 '고초균'으로 된장 등에 존재한다)의 수에 비해 먹을 것이 부족한 비상 상황이므로 모두 포자 형성 모드로 전환, 당분간 조용히 지내면서 살아남자'는 신호를 주위에 보내 포자로 전환한다는 이야기다.

이런 신호를 받은 균들은 옆의 균들을 제거하는 항균 물질과 분해 효소를 내보내 정예 요원만 남긴다. 그리고 바로 포자를 형성한다. 즉, 방공호를 만들어 모두 그곳에서 다음 세상을 위해 순교하듯 몇 개의 균만이 포자를 만드는 것이다.

균들은 미생물의 DNA를 복제해 둘로 나누어 보존한 뒤 이 유전 물질을 다시 두꺼운 방호막으로 포장, 칼슘 이온을 첨가해 안에 있는 물을 없앤다. 그리고 단백질로 외부 벽까지 쌓아 완전한 방공호를 만든다. 이 금고는 외부의 침입이 불가능하고 습기나 온도가 맞으면 스스로 다시 자라나는 '살아 있는 금고'라고 할 수 있다.

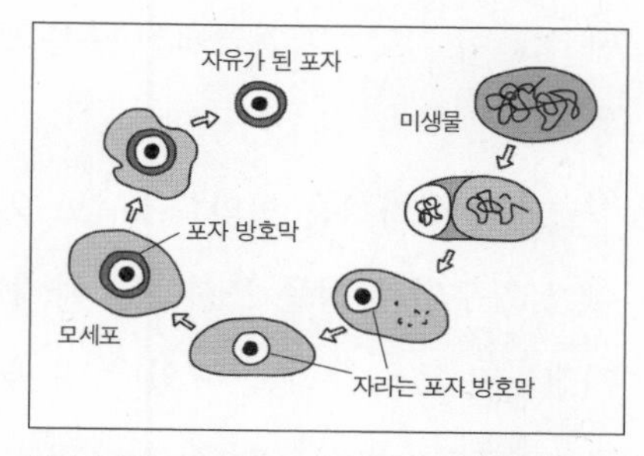

박테리아가 포자를 형성하는 단계. 잘 자라던 미생물이 여건이 안 좋으면 몸 내부에 포자를 형성해 분리되어 나온다.

이 금고는 웬만한 공격으로는 그 속의 DNA가 파괴되지 않을 정도로 튼튼하고 야무지다. 그래서 이 포자는 펄펄 끓는 물에서도 살아남는 경우가 있다. 압력솥으로 쪄도 살기 때문에 무균 상태가 필요한 경우엔 높은 온도로 살균하지 않고 멸균용 필터를 사용해야 완전히 없앨 수 있다.

생물체 중에서 포자나 씨앗처럼 장기 보존이 가능한 것이 꽃가루(Pollen)다. 인간의 정자에 해당하는 이 꽃가루는 날아가 다른 식물과 수정되어 자라게 된다.

꽃가루는 내부의 온도와 습기에 따라 꽃가루를 저장할 수 있는 기한이 달라진다. 이 꽃가루는 식물마다 독특한 DNA 구조로 되어 있으며 다양한 형태로 존재한다. 또한 독특한 구조 때문에 어느 지역에 어떤 식물이 있고, 그 지역에서 나온 꽃가루가 어떤 것이라는 판단이 가능하다.

그래서 꽃가루는 법의학에서도 응용된다. 사체에 묻어 있는 토양이나 꽃가루의 특성을 조사하면 사체가 어디에 있었는지, 어디에서 옮겨졌는지 등을 추리할 수 있다. 실제로 보스니아 학살 사건(1992~1995년 보스니아 내전 당시 유엔이 '안전 지역'으로 선포한 피난민 주거지인 스레브레니차를 세르비아군이 침공하여 약 7,500명의 이슬람 교도들을 학살한 사건)에서도 꽃씨의 분포를 확인해 학살을 규명한 사례가 있다.

그러니 눈에 보이지 않는 작은 균이라고 무시할 일이 절대 아니다. 앞에서 말한 바실러스균 같은 박테리아도 주위 환경이 나쁘면 알아서 포자를 형성해 훗날을 기약한다. 이때 포자를 형성하는 신호는 박테리아의 농도에 의해 결정된다.

그런데 이 박테리아보다 한 수 위인 고수가 있다. 바로 박테리아를 집으로 삼아 자라는 박테리아 킬러 바이러스인 박테리오파지(bacteriophage)가 그것이다.

박테리오파지는 박테리아만을 공격해 한꺼번에 박테리아를 녹여 죽인다. 그래서 박테리아에게는 굉장히 무서운 바이러스다. 그런데 박테리아를 파괴해 증식하는 파지가 너무 많이 번식하면 먹이가 줄어들어 결국 파지는 더 이상 자랄 수 없게 된다. 그러므로 파지는 먹을 것이 많으면 박테리아의 내부로 침투해 박테리아를 죽여서 증식하고(용균과정), 먹이가 없어지면 죽이지 않고 그 수가 늘어날 때까지 박테리아 내에서 기다린다(용원과정).

파지가 어떤 방법을 선택할지는 박테리아와 파지의 비율에 의해 결정된다. 눈에 보이지도 않는 박테리아의 내부로 들어가는 바이러스도 이런 정교한 전략을 쓴다니 그저 놀라울 뿐이다.

## 포자의 생성 원리를 이용한 기술

미생물의 장기 보존을 위해서는 동결건조법을 사용한다. '동결건조'란 얼린 상태에서 수분을 제거하는 방법을 말하는데, 박테리아를 대상으로 생존율을 측정해보면 동결건조시 첨가하는 보존제의 사용에 따라 영향을 많이 받는다는 것을 알 수 있다.

'보존제'란 얼면서 생기는 단백질이나 핵산의 구조가 변하지 않게 방지하는 물질로, 최적의 조건에서 효모나 박테리아 등은 10% 정도가 동결건조 과정에서 살아남는다. 즉, 동결할 때 단백질 효소의 구조가 변하지 않아야 다시 수분이 공급되었을 때 이 효소가 작용을 해서 다시 분열을 시작한다.

과학자들은 미생물의 생존 전략을 이용한 방법을 연구하고 있다. 미생물 포자는 오랫동안 보관할 수 있기 때문에 미생물을 장기 보관하기 위해 배양하면서 포자를 유도하는 것이다.

포자를 유도하는 방법은 간단하다. 먼저, 성장 환경을 변화시켜 균들로 하여금 '지금이 위기 상황임'을 알려주는 것이다. 예를 들면 배양 온도를 급격히 변화시키거나 pH를 낮추는 방법이다. 이럴 경우 미생물은 포자를 형성하는 신호를 보낸다. 이 신호 물질이 분비되면 포자 형성에 관련된 유전자들이 작동되어 포자를 형성한다. 경우에 따라서는 이 신호 물질을 외부에서 생산하여 필요시 직접 배양하면서 포자 형성을 유도하기도 한다.

그렇다면 지렁이 같은 동물을 그냥 얼리면 어떻게 될까? 다시 살아날까? 물론 대부분은 죽는다. 얼면서 생기는 얼음 구조 때문에 지렁이의 몸 성분들, 주로 단백질 일꾼인 효소가 깨지기 때문이다. 하지만 보존제를 넣으면 아주 적은 확률이지만 살아나기도 한다.

이처럼 미생물은 비록 눈에 보이진 않지만 결코 만만한 상대가 아니다. 눈에 보이지도 않는 미생물끼리 서로 소통을 하고 있다는 많은 증거들도 포착되었다. 즉 본인이 위험하다고 느끼면 그런 신호를 옆에 있는 미생물에게도 전달하는 것이다.

포자로 변환된 미생물은 장기 보존도 가능하고 실온에서도 쉽게 보존된다. 미생물을 보존해 사용하는 방법은 미생물 농약, 하수처리장에 공급하는 미생물 종균제 등에 매우 효과적이다. 또한 장내 유해 미생물을 억제할 수 있는 생균제(probiotic)를 제조할 때도 유용하다.

## 죽은 사람이 다시 살아나는 기술이 가능할까?

박테리아보다 한 단계 위인 식물의 씨앗은 상온에서의 보존 기간이 좀 더 짧다. 더욱이 식물의 씨앗보다 더 높은 단계인 인간을 상온에서 보존하기란 더욱 어렵다.

그렇다면 정말 인간을 영구히 보존할 수 있는 방법은 없을까? 죽은 미라의 형태가 아닌, 다시 태어날 수 있도록 보존하는 것은 영영 불가능한 것일까? 만약 동결건조법을 인간에게 적용한다면 어떤 일이 벌어질까?

최근에 사람이 죽은 뒤 사람을 급냉동해 보존하는 기이한 회사가 생겨났다. 지금의 기술로는 불가능해도 미래에는 죽은 사람을 다시 살려내 병을 고치고 다시 살게 하는 기술이 개발될 것이라는 생각에서다. 사실 지금의 기술력으로도 전혀 불가능한 일은 아니다. 현재 정자와 난자, 그리고 수정란은 보관이 가능한 수준에 이르렀기 때문이다.

문제는 성체로서의 인간이다. 과연 인간의 주요 기관에 있는 세포들이 본래의 기능을 유지하면서 손상되지 않고 장기 보관될 수 있을까?

대부분의 세포는 냉동되면서 구조에 해를 입는다. 만약 이 문제가 해결되고 인간이 가진 대부분의 세포들이 유지된다면 그땐 되살아날 수 있는 '미라'를 만들 수 있을 것이다.

사람과 바이러스, 박테리아, 옥수수 씨앗 등을 비교해볼 때 살아남기 위한 전략은 먹이사슬의 아래 단계로 내려갈수록 점점 더 정교해진다. 만물의 영장이라고 칭하는 인간이 살아남기 위한 전략으로 오로지 전쟁을 통해 인구를 줄이는 방법밖에 모르는 것에 비하면 박테리오파지는 거의 완벽에 가까운 생존 전략 기술을 갖고 있다.

미생물이 '작은 거인'이라는 것을 사람들은 잘 모른다. 눈에 보이지 않기 때문에 언제나 관심 밖의 대상이다. 그러나 한때 미생물은 사람들에게는 공포의 대상이었다. 보이지 않는 곳에서 페스트 같은 무서운 병을 퍼뜨렸기 때문이다.

인간은 이제 인공적으로 포자, 즉 아주 강한 금고를 만들어서 미생물들을 동면 상태로 만들 수 있다는 것을 알아냈다. 또한 원하면 언제든지 유익한 균들을 장기 보관할 수도 있게 되었다. 하찮은 미생물도 자신을 지키는 최고의 무기를 갖고 있다는 사실을 알게 되었으니, 이제 미생물이 가진 능력을 최대한 배워 인간에게 유리하게 응용해야 할 일만 남았다.

**tip**

바실러스균이란?

바실러스균이란 박테리아의 한 종류로 그중에서 바실러스 서브틸러스(Bacillus subtilus)는 '고초균'이라고도 불린다. '고초(枯草)'란 오래된 나뭇잎 등에서 많이 발견되는 균으로 나뭇잎을 분해해서 먹고 산다. 이 균은 분해와 관련된 효소를 잘 생산해내는 것으로 유명하다. 예를 들어 메주를 만들어 짚으로 처마에 매달아 놓으면 짚에 있던 바실러스균이 메주 내로 들어가서 메주의 콩 단백질을 먹기 좋은 된장으로 잘라놓는다. 이른바 발효 과정인 셈이다.

물론 고초균이 속해 있는 바실러스균 중에는 우리에게 유해한 병원균도 있다. 예를 들어 바실러스 안트락시스(Bacillus antracis)란 균은 탄저병이란 무서운 병을 일으키는 병원성균이다. 한때 미국을 공포로 몰아넣었던 '흰 밀가루 편지'는 이 균을 분말 형태로 만들어 테러 목적으로 미 국무성 등에 우편을 보낸 것이다. 이 병원균에 감염되면 폐에 석탄가루 같은 물질이 생긴다.

이처럼 같은 바실러스균이라도 인간에게 유익한 'subtilus'가 있는가 하면, 해로운 'antracis' 같은 종도 있다. 하지만 균의 입장에서는 그저 살아가기 위한 방도일 뿐이다. 병원균, 유익균이라는 분류는 결국 인간의 관점에서 비롯된 차이다.

09

북극곰을 적도에서 살 수 있게 한다고?

# 진화유도기술

요즘은 찬물용 세제가 인기다. 찬물용 세제 표면에는 '효소 세제'라고 쓰여 있다. 이것은 가루 세제 이외에 어떤 반응을 일으키는 일꾼, 즉 효소가 들어 있다는 이야기다. 그래서 찬물용 세제는 찬물에서도 잘 작용하는 물질인 저온 효소가 들어 있어 세탁이 잘 된다.

보통의 효소는 따뜻한 물인 37℃에서 일을 가장 잘한다. 마치 우리의 침 속에 있는 아밀라아제라는 효소가 인체의 온도인 37℃에서 가장 일을 잘하는 것과 같은 원리다.

저온 효소가 들어 있는 미생물은 남극에서 처음으로 발견되었다고 한다. 찬물용 세제에 들어 있는 이 저온 효소는 낮은 온도에서 어떻게 작용할까? 이 미생물은 낮은 온도에서 잘 살 수 있도록 진화된 것일까? 보통의 효소가 37℃에서 일을 잘 하는 것처럼 이 효소가 들어 있는 남극 미생물은 남극의 추운 기온에서도 살아남도록 저온에서 일을 하는 효소로 진화했다는 말이 된다.

만약 수만 년에 걸쳐서 일어난 이런 진화의 원리를 세탁법에 적용한다면 어떻게 될까? 더 낮은 온도, 예를 들어 얼음이 흐르는 강물에서도 세탁할 수 있는 저온성 효소를 단 며칠 만에 만들어낼 수도 있지 않을까?

## 돌연변이를 이용하다

효소라면 흔히 우리가 잘 알고 있는 아밀라아제를 예로 들 수 있다. 밥을 씹으면 침 속의 아밀라아제가 밥 속에 들어 있는 녹말을 소화하기 쉽도록 작은 크기의 당으로 분해한다. 세제에 들어 있는 효소도 옷에 묻은 때 중에서 녹말을 잘게 자른다. 본격적인 세탁을 하기 전에 미리 잘라서 세탁이 잘 되도록 하는 것이다.

효소는 일을 하는 물질이다. 즉 모든 생물체 내에서 일을 하는 수천 가지의 반응을 모두 효소가 한다. 예를 들어 우리가 밥을 먹으면 당이 되어서 세포까지 들어가고 에너지를 내는 과정도 이런 효소들이 하는 일이다. 녹말을 잘게 자르는 효소, 세포 내로 끌고 들어가는 효소, 당을 분해시켜 열을 내는 효소 등 모든 일을 효소가 하는 것이다. 즉 효소는 생명을 유지하는 가장 중요한 일꾼이다.

세포는 효소의 집합체라고 할 수 있다. 결국 사람과 사람의 차이는 유전자의 차이이고, 다시 말하면 효소 차이란 이야기가 된다(효소는 유전 정보가 있는 유전자에서 만들어진다).

효소는 일종의 조개껍질 목걸이에 비유할 수 있다. 바닷가에서 주운 수많은 조개껍질을 모아서 줄에 하나하나 걸면 예쁜 조개껍질 목걸이가 된다. 이때 목걸이에 걸 수 있는 조개껍질의 종류는 20개이다. 조개껍질 하나하나는 아미노산이라고 부르는 물질들이다. 그러므로 목걸이의 종류는 결국 조개껍질의 순서인 아미노산의 순서를 어떻게 정하느냐에 달려 있다. 만약 껍질이 5개 달려 있는 목걸이라면 그 종류가 얼마나 될 수 있을까?

첫 번째에 20개 가능성, 두 번째에도 20개 가능성…. 이렇게 해서 5개를 다 채우면 무려 20×20×20×20×20=3,200,000개라는 엄청난 숫자가 된다. 그러므로 간단하다고 생각했던 효소가 가진 100개 정도의 껍질인 아미노산 수는 상상을 초월하는 것이다.

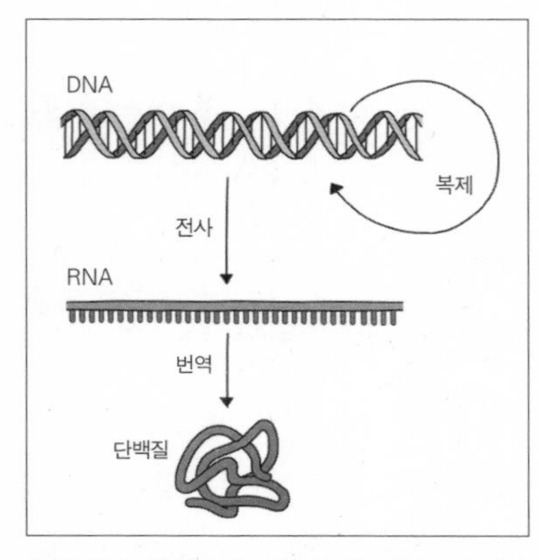

DNA에서 단백질이 만들어지는 과정. 유전자(DNA)에서 리보핵산(RNA)을 거쳐서 단백질(protein)이 만들어진다.

아밀라아제가 조개껍질 100개로 되어 있으면 주인의 손놀림에 따라 다양한 형태의 목걸이로 탄생할 수 있다. 고구마 형태 또는 감자 형태, 아니면 상추 형태 등으로 말이다.

하지만 이 형태는 아밀라아제라는 목걸이가 있어야 할 곳인 침샘에 들어가게 되면 모두 일정한 모형, 즉 3차 구조를 가지게 된다. 이때 이 목걸이가 어떠한 3차 구조를 가지고 있느냐가 상당히 중요한데, 아밀라아제는 3차 구조가 정확해야 자르려는 상대방인 녹말에 착 달라붙을 수 있기 때문이다.

이 아밀라아제 효소가 녹말을 자르는 모습은 레슬링 선수가 상대 선수의 허리를 틀어버리는, 일명 코브라 트위스트 기술과 비슷하다. 일단 상대를 꽉 잡은 후 허리를 비틀고 튀어나온 허리 부분에 작은 힘을 가해 고통을 유발하는 것처럼, 효소가 자르려는 물질에 약간의 힘을 주고 달라붙으면 자르려는 지점이 노출되어 쉽게 자를 수 있다.

따라서 문제는 아밀라아제의 모형, 즉 3차 구조에 있다. 그중에서도 녹말과 닿는 부분의 아미노산 순서가 중요하다.

그렇다면 37℃라는 비교적 높은 온도에서 일을 하는 대부분의 보통

효소가 어떻게 4℃ 물에서도 작용하는 저온 효소로 3차 구조가 변할 수 있을까?

그 답은 생각보다 단순하다. 37℃에서 잘 자라던 어떤 생물(이 안에는 물론 아밀라아제 효소가 들어 있다)을 얼음같이 찬물에 수백 년 동안 놓아두면 된다. 진화를 이용하는 방법이다.

모든 생물체는 유전자가 복제되면서 자라는데 이때 유전자가 2배로 늘어나게 된다. 이 과정에서 유전자에 변화가 생기면서 돌연변이가 생기는데, 대부분의 돌연변이는 스스로 고쳐지지만 일부는 그대로 자식에게 유전되어 그 성질이 변한다.

인간의 경우에도 임신 과정에서 유전자가 섞여 여러 가지 형태의 유전자를 가진 자식들이 태어난다. 형제가 닮았지만 완전히 똑같지 않은 이유가 바로 이 때문이다. 이렇듯 효모나 박테리아 같은 아주 작은 미생물도 같은 과정을 거쳐 유전자 변이가 일어나는 것이다.

유전자 변이가 생기면 당연히 다른 효소, 예를 들면 다른 아밀라아제를 가진 박테리아가 나타난다. 이 중에 우연히 낮은 온도에서도 잘 자라는 구조를 가진 돌연변이 효소가 생긴다면 이 미생물은 낮은 온도에서도 잘 자라게 된다. 그리고 세월이 지나면서 그중 가장 환경에 적합한 생물체가 살아남는다. 이것이 다윈이 주장한 적자생존의 원리가 진화의 기본이라고 보는 이유다.

## 원하는 방향으로 진화시키는 진화유도기술

남극의 찬물 속에 사는 미생물도 같은 과정을 거쳐 진화해왔다. 그래서 그 미생물 효소들은 찬물에서도 잘 세탁할 수 있는 효소가 세포 안에 있다. 그리고 인간은 그런 미생물들을 골라내 세제에 사용하게 된 것이다.

그렇다면 수억 년에 걸친 이 진화의 원리를 좀 더 빨리 진행시킬 수는 없는 걸까? 그럴 수 있다면 장기간에 걸쳐 진화한 것을 단 며칠 만에 실험실에서 진화시키는 것은 물론 원하는 기능을 가진 최적의 미생물을 금방 만들어낼 수 있을 것이다. 이것이 바로 진화유도기술(Directed Evolution)이다.

진화를 원하는 방향으로 전환시키는 기술은 생각보다 단순하다. 예를 들어 찬물 세제의 효율을 높이기 위해 더 낮은 온도에서도 반응할 수 있는 효소를 만들고 싶다면 돌연변이를 일으키면 된다. 다만 해당 유전자의 어떤 부위를 변화시켜야 하는지 미리 결정해야 한다. 그 과정을 요약하면 다음과 같다.

첫 번째, 아밀라아제 효소의 반응 부분, 즉 목걸이의 조개껍질 순서를 여러 가지로 바꿔본다. 아밀라아제 효소를 저온성으로 바꾸고 싶으면 아밀라아제 중에서 가장 중요한 반응이 일어나는 곳의 조개껍질을 다른 아미노산으로 바꾼다. 이렇게 특정 부분만 원하는 방향으로 바꾸는 기술이 중합효소연쇄반응(PCR; 질병 진단, 박테리아 및 바이러스 감지, 고대 화석의 DNA 증식, 범죄자의 DNA 분석 등에 사용되고 있다) 기술이다.

이 기술은 유전자의 특정 부분을 원하는 유전자로 바꿀 수 있으며 유전자의 순서, 즉 조개껍질의 순서도 하나씩 바꿀 수 있다. 하지만 이 방법은 정확한 반면, 시간이 오래 걸린다는 단점이 있다. 그러므로 가장 좋은 방법은 많이 만들어보고 그중에서 가장 좋은 것을 골라 어떻게 변한 것이 효과적인가를 확인하는 것이다. 중합효소연쇄반응기술은 특정 유전자의 염기들을 무작위로 변화시켜 여러 종류의 돌연변이를 많이 만들어낼 수도 있다.

두 번째, 중합효소연쇄반응기술로 변경된 효소가 들어간 미생물을 여러 종류로 키워서 이 효소들이 제대로 저온에서 작용하는지를 알아본다. 예를 들면 낮은 온도에서 녹말을 분해할 수 있는지 실험을 통해 성공한 미생물을 고르면 된다.

세 번째, 그중에서 제일 효능이 좋은 미생물을 고른다. 즉, 진화에서 살아남는 것과 같은 원리를 적용하는 것이다.

네 번째, 이 미생물의 효소 유전자를 다시 한 번 변이시키는 과정을 반복한다. 한 번만 돌연변이를 시켜서는 원하는 것을 쉽게 얻을 수 없다. 그러므로 한 번 변이시킨 것 중에서 가장 좋은 것을 골라 또다시 돌연변이를 시키고 그중에서 가장 좋은 것을 고르는 방법을 반복하면 된다. 이렇게 계속 반복해서 고르다 보면 결국 가장 좋은 것을 고를 수 있다.

이런 방법이 가능한 이유는 원하는 유전자의 특정 부분을 변경시킬 수 있는 기술과 자동으로 원하는 성질을 가진 미생물을 선별할 수 있는 자동화 기술, 선별된 미생물의 유전자를 다시 원하는 방식으로 변경시키는 기술이 발전했기 때문이다. 다시 말해 기계들이 스스로 알아서 원하는 미생물을 고르고 그 미생물에서 해당 유전자를 준비하여 원하는 순서로 바꾸고 이것이 포함된 미생물들을 다시 키워서 고르는 일들을 자동화시켜놓으면 된다.

이런 방법과 순서들을 컴퓨터에 입력시켜놓으면 연구자는 주말에 여행을 떠날 수도 있다. 월요일에 출근하면 실험실에는 가장 낮은 온도에서 작동하는 아밀라아제를 가진 미생물이 골라져 있을 것이다.

## 북극곰도 적도에서 살 수 있다?

위와 같은 방식을 이용하면 어떤 유전자든 원하는 방식으로 변화시킬 수 있다. 지금처럼 낮은 온도에서 작용하는 아밀라아제를 만들 수도 있고, 높은 온도에서 작용하는 아밀라아제를 만들 수도 있다.

찬물에서 작용하는 아밀라아제가 찬물 세제로 쓰인다면 뜨거운 물에서 작용하는 아밀라아제는 90℃ 온도의 물에서 보리에 들어 있는 녹말을 잘라 맥주의 원료를 만들어낼 수도 있을 것이다. 그러면 에너지도 줄이고 공정도 단순해져 비용이 절감된다.

이런 진화 기술은 주로 미생물을 대상으로 하는데, 그 이유는 미생물이 빨리 자라기 때문이다. 즉, 미생물이 변이된 유전자에 의해 어떤 단백질을 만들어내고 그 효과를 측정하는 데 몇 시간 걸리지 않기 때

문이다. 그래서 하루에도 몇 번씩 돌연변이를 의도적으로 유도할 수 있다. 실제로 이 진화모방기술은 미생물에서 쉽게 생산할 수 있는 효소 등을 대상으로 이루어지고 있다.

그렇다면 이러한 원리를 동물에게 적용한다면 어떻게 될까? 지구온난화로 북극곰이 멸종 단계에 처해 있다고 하는데 이 원리를 이용해 북극곰을 적도에서도 살아남을 수 있게 변화시키는 것을 연구해볼 수 있지 않을까?

그러기 위해서는 수백 마리의 북극곰을 모아놓고 온도를 아주 천천히 올리면서 수백 마리의 새끼를 낳는 과정을 반복해야 한다. 그러면 결국 환경에 적응한 곰만이 살아남을 것이다. 하지만 이 방법은 매우 오랜 세월이 걸린다.

그렇다고 진화유도기술을 곰에게 적용할 방법이 전혀 없는 것은 아니다. 북극곰이 적도에 사는 데 필요한 유전자를 파악한 뒤 이 유전자를 동물세포에서 진화할 수 있도록 유도하면 된다. 동물세포 역시 세포이기 때문에 실험실에서 쉽게 배양할 수 있는 데다 미생물처럼 며칠 만에 두 배로 자란다. 이 동물세포를 이용해 북극곰이 적도에서도 살 수 있는 유전자 형태를 미리 알아낼 수 있다. 이런 형태의 유전자를 북극곰의 정자나 난자에 넣으면 앞으로 태어날 새끼는 적도에서 자랄 수 있는 유전자를 갖고 태어날 것이다. 이제 삶의 터전을 잃을지도 모르는 북극곰이 진화유도기술의 수혜를 받아 적도에서 살 수 있게 될 날도 얼마 남지 않은 듯하다.

### tip

다양한 분야에서 활용 가능한 중합효소연쇄반응(PCR) 기술

PCR은 생명공학의 발달에 큰 획을 그은 기술이다. 1970년대에 발명한 유전자를 자르고 붙일 수 있는 유전자재조합기술 다음으로 중요한 기술이다.

PCR 기술의 원리는 간단하다. 원하는 부위의 DNA 부분만을 계속 복사해서 그 수를 늘리는 것이다.

PCR을 이용한 분야는 무궁무진하다. 우선 범죄 수사에 활용할 수 있다. 극소량의 혈흔이나 정액, 모발이 있더라도 이 속에 들어 있는 DNA를 증폭해서 유전자 정보를 알아내면 범인이 누구인지 밝혀내는 데 반나절도 걸리지 않는다. 또한 식품에 들어 있는 식중독균을 확인할 수도 있다. 만약 식중독균이 소량이라도 들어 있으면 이 소량의 DNA를 증폭하여 어떤 균이 얼마나 들어 있는지를 알아낼 수 있다. 그뿐만이 아니다. 세포 내에 어떤 유전자가 켜져서 일을 하고 있는지도 알 수 있다. 즉 세포를 거의 실시간으로 관찰할 수 있기 때문에 몸속에 침투한 바이러스의 유무에 대한 검사에도 활용이 가능하다.

# 강남 갔던 철새가 돌아온 이유
# 자성 나노입자

20년 전, 한 과학자가 현미경을 보다가 신기한 현상을 발견했다. 눈에 보이지도 않을 만큼 작은 박테리아들이 한 줄로 서서 이동하는 모습을 본 것이다. 그것은 보통의 박테리아가 먹이의 냄새를 따라 이동하는 것과는 다른 생전 처음 보는 이동 방식이었다.

과학자는 무엇이 이 박테리아들의 방향을 조종하는지 조사해 보았다. 그 결과 박테리아들의 방향을 바꾸게 하는 것은 다름 아닌 자석이라는 것을 밝혀냈다. 자석의 남극과 북극을 바꾸자 박테리아들도 따라서 방향을 바꾸었기 때문이다. 이로써 과학자는 동물에게도 자석을 느끼는 '무엇'이 있다는 것을 알아냈다. 그리고 그것은 비둘기나 철새, 새끼 거북 등이 태평양의 1.5배에 해당하는 13,000km의 길을 잃지 않고 이동할 수 있는 이유를 설명하는 결정적인 단서가 되었다.

## 자성으로 방향을 잡는 박테리아

박테리아의 방향 감각을 연구하던 과학자가 5㎛(1㎛는 백만분의 1m) 크기의 아주 작은 박테리아의 몸속에서 자석의 역할을 하는 자성 나노입자를 발견했다. 박테리아들은 이 입자 덕분에 자기장의 방향을 느낄 수 있었고 그 방향으로 줄을 지어 이동했다. 그들은 몸통 뒤에 붙은 편모를 사용해 이동했는데 그 편모는 모터보트에 달린 모터처럼 에너지를 소모하며 돌아갔다. 이동 속도는 박테리아 몸 크기의 30배 거리를 단 1초에 움직일 정도로 상당히 빨랐다(사람으로 치면 100m를 2초에

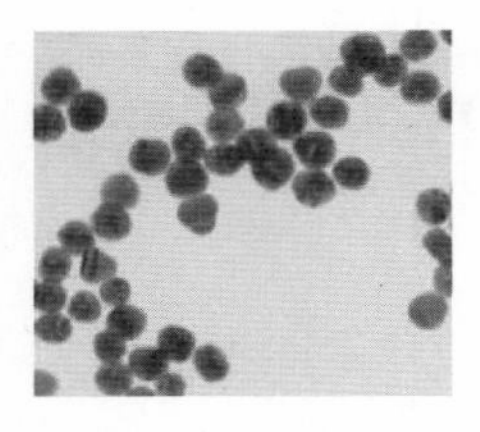

먼지보다 작은 박테리아 내부에서 발견된 자성 나노입자.

달리는 것과 같다).

그렇다면 자성 박테리아들은 왜 이렇게 부지런히 자기장의 방향으로 움직일까? 이는 살아남기 위한 생존 본능 때문이다. 자성 박테리아들은 산소가 너무 많아도 안 되고, 너무 모자라도 안 되는 지역에서 삶의 터전을 유지하며 생활한다. 때문에 그 지역을 조금이라도 벗어나게 되면 원래의 위치로 다시 돌아오려는 성질이 있다. 이때 원위치를 판단하기 위해 자력선(지구의 자기장)을 사용하는 박테리아는 몸 안에 있는 자성입자를 이용해 방향을 탐지한다.

북쪽에서 발견된 박테리아와 남쪽에서 발견된 박테리아는 자기장의 서로 반대 방향으로 움직인다. 그래서 인위적으로 자석의 방향을 돌려놓으면 박테리아들은 정확하게 다시 180도로 유턴한다.

10,000여 종의 새들 중 1,800여 종의 새들 역시 이 일을 매년 반복한다. 불과 얼마 전에 갔던 장소도 찾아가지 못하는 인간에 비하면 새들은 매우 뛰어난 내비게이션 능력을 갖추고 있는 셈이다.

이렇게 자장을 검출하는 능력을 가진 동물로는 새를 비롯해 상어, 고래, 박쥐, 바다거북 등이 있다. 지구의 자기장은 0.2~0.7가우스(자기력선속 밀도를 나타내는 단위)로 이 정도는 생체 내에서 어떤 물질에 직접적인 영향을 주기에는 그 세기가 매우 약하다. 그래서 중간에 이 자기장에 반응하는 방법이 있어야 한다.

현재까지 철새들을 중심으로 밝혀진 새들의 내비게이션 기술은 두 가지다.

첫 번째는 자성 박테리아처럼 생체 내에 미세한 자성입자를 가진 경우다. 지구자기장 같은 미세한 자장에서도 자성을 띠려면 아주 작은 철 입자로 되어 있어야 하는데 50nm(1nm는 10억분의 1m) 이하의 작은 자성 박테리아 입자는 자성을 쉽게 띨 수 있어 그 자성이 생체 내에서 나침반 역할을 한다. 비둘기의 부리 주위에서 발견되는 자성입자도 이런 현상을 뒷받침한다. 이렇게 신경세포 주위에 형성된 자성입자들은 지구의 위치에 따라 신경세포와 뇌로 계속 신호를 보낸다.

두 번째는 지구자기장을 이용한 생체 내의 화학 반응이다. 지구상의 위치에 따라 자기장의 세기는 변화하고 이 변화는 눈 안에 있는 특수한 단백질과 반응해 라디칼(Radical, 화학 변화가 일어날 때 분해되지 않고 다른 분자로 이동하는 원자의 무리)이라는 민감한 신호 물질을 만들어낸다. 이 신호 물질은 연쇄적으로 뇌에 전달되는데 이 물질이 사람에게도 있다는 사실이 얼마 전 한 연구에서 밝혀졌다.

지구의 자장. 북극과 남극을 중심으로 각도, 위치, 세기가 변하면서 위치 정보를 알려준다.

비둘기나 다른 동물들은 지구자장에 의한 생체 내 직접적인 변화 외에도 태양의 위치와 지형지물 등의 시각적 정보를 뇌에 입력한다. 그리고 그것들을 종합적으로 적용해 하나의 비행지도를 만든다. 또한 수시로 들어오는 지구자기장의 정보를 이용해 수만 킬로미터 거리의 비행을 무사히 할 수 있다.

## 자성 입자를 이용한 위치 추적 기술

철새들의 뇌에는 '추운 겨울이 되면 따뜻한 남쪽으로 이동해야 먹을 것이 있다'는 정보가 입력되어 있을지 모른다. 아마도 수천 년 동안 진화해온 철새들의 유전자에 이런 본능이 숨어 있을 것이다. 바다거북도 태어나서 태평양을 한 바퀴 도는 여행을 하는데, 태어나자마자 바다를 향해 가는 것을 보면 바다거북의 뇌에는 그런 본능이 분명히 입력되어 있을 것이다.

목적지가 뇌에 입력되면 다음 단계에는 반드시 위치 정보가 필요하다. 사람들이 사용하는 내비게이션 역시 지도와 현재 위치 정보만 있으면 목적지로 안내한다. 위치 정보는 새들처럼 두 가지를 사용한다. 인공위성이라는 기본 기술과 다른 보조 기술이다.

차량 내비게이션은 인공위성을 통해 수시로 현재의 위치를 수신한다. 상공을 돌고 있는 수십 대의 인공위성이 차량의 위치를 파악한다. 좀 더 쉽게 설명해서 눈을 가린 친구를 운동장 한가운데에 세워놓고 세 군데의 모퉁이에 서 있는 친구들이 각각의 거리를 이야기해주면 본인의 위치를 금세 알 수 있는 것과 같다. 다만 내비게이션이 좀 더 복잡한 수학공식을 필요로 할 뿐이다.

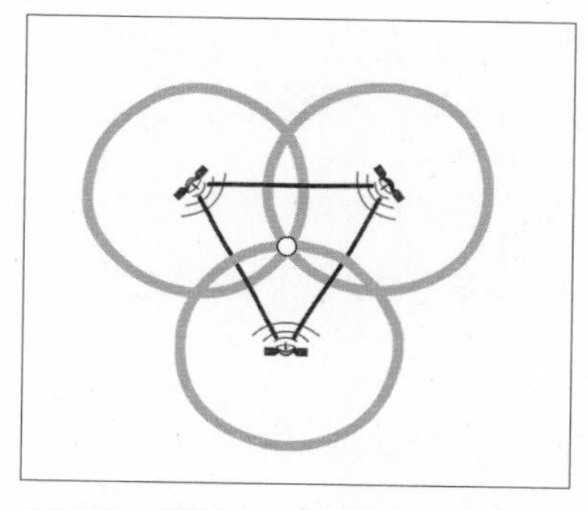

GPS 원리. 세 점에서의 거리를 알면 위치를 정확히 알 수 있다.

최근에는 단순히 위성만을 사용하는 것이 아니라, DMB를 동시에 사용해 지도상의 위치를 더욱 빨리 파악할 수 있도록 해주는 방법도 나왔다. 이 방법은 인공위성이 다리 아래나 건물 지하에서는 잘 전달되지 않는다는 단점을 보완할 수 있다. 만약 새들의 눈 안에 있는 물질과 지구자기장이 반응하는 경우가 인공위성이라고 한다면 DMB는 생체 내의 자성 나노입자가 나침반 역할을 하는 것과 비슷하다.

내비게이션이 제대로 작동되지 않을 때의 답답함이란 외과의사들이 암 덩어리가 도대체 몸 속 어디에 있는지를 찾지 못해 답답해하는 심정과 같다. 현재의 영상 기술로는 대부분 암의 위치를 파악할 수 있지만 암 덩어리가 매우 작을 때는 찾기가 어렵다. 그러므로 암 덩어리에 자성입자를 붙일 수 있다면 그 자성입자가 강한 신호를 보내 암의 위치와 크기를 쉽게 측정할 수 있을 것이다. 이를 위해서는 자성입자 표면에 암의 특정 분자와 반응할 수 있는 물질을 코팅하면 된다. 이 연구는 일

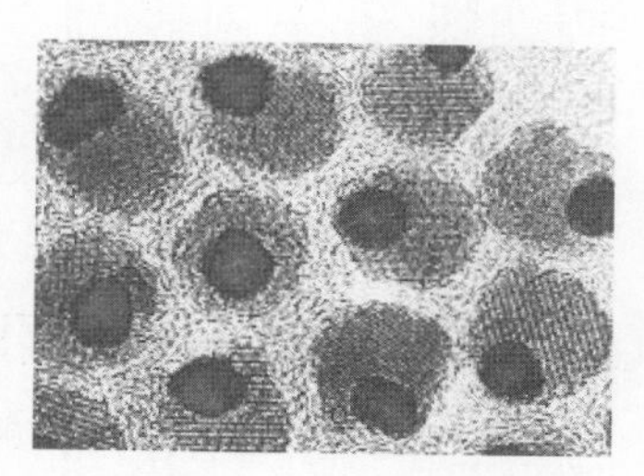

암세포에 달라붙은 자성 나노입자(구형).

본과 미국의 연구진들을 중심으로 한창 진행 중인데 병의 진단은 물론 치료에도 사용될 수 있다(실제로 박테리아에서 얻은 자성 나노입자를 암을 추적하고 인식하는 항체에 달자 암에 도달한 입자의 모습이 발견되었다. 그리고 환자 주위에 자기장을 걸자 자기 입자에서 열이 발생하면서 달라붙은 암세포를 없애버렸다).

최근에는 자성입자를 이용해 줄기세포를 원하는 곳으로 보내는 연구도 진행되고 있다. 또한 줄기세포를 이용해 손상된 부위를 회복시키는 연구는 이미 의료기술의 주요 과제가 되었다.

척추 손상 부위에 재생용 줄기세포를 넣을 경우, 이 줄기세포가 척추 신경세포로 변하기 위해서는 척추 손상 부위에 머물러 있어야 한다. 그래야만 주위의 척추 세포에 영향을 주면서 성장할 수 있다. 따라서 이제부터는 인체 내에서도 자성 나노입자를 이용해 줄기세포를 원하는 위치로 옮기는 인체 내비게이션 방법이 가능하다고 볼 수 있다.

## 미래에 활용 가치가 높은 자성 입자

전쟁에서 가장 무서운 것은 화생방전, 특히 독가스를 사용하는 화학전이다. 냄새도 나지 않는 신경가스는 매우 빠르게 혈액 안으로 스며들어 사람의 목숨을 앗아간다. 그래서 신경가스에 노출될 경우 빠른 시간 안에 독성 물질을 제거해야 한다. 이렇게 신속한 분리가 필요할 때 자성입자는 효과적으로 사용될 수 있다.

실험실 바닥에 흩어진 철가루를 모으기 위해 자석을 사용했던 것처럼, 환자의 혈액 속에 자성입자를 주입해 자성입자가 혈액 속을 돌아다니면서 독성 물질을 달라붙을 수 있게 하면 된다. 그렇게 되면 독성 물질이 제거된 깨끗해진 혈액을 다시 몸으로 돌려보낼 수 있다.

내비게이션 장치와 암 치료에서 보았듯이 자성 나노입자의 이용 가능성은 무궁무진하다. 과학자들이 자연 속에 숨어 있는 원리를 적용할 수 있는 방안을 끊임없이 연구하는 것도 이 때문이다.

### tip

강물을 거꾸로 거슬러 오르는 연어들의 비밀

연어는 산란기가 되면 자신이 태어난 강으로 돌아와 알을 낳고 죽는다. 그렇다면 넓은 바다에서 살던 연어는 어떤 방법을 이용해 강으로 되돌아오는 것일까?

실제로 알래스카 지역에서 태어난 연어는 1,400km나 되는 바다를 이동해 강가 입구로 돌아와 다시 2,100m나 되는 거친 계곡을 거슬러 오르는 것으로 알려져 있다. 생물 자체의 생식 본능은 자연스럽지만 자신이 태어난 곳을 향해 회귀하려는 본능은 신기한 일이 아닐 수 없다.

연어에 대해 많은 연구가 이루어지고 있지만, 지금까지의 결과로는 태어난 곳의 '환경'을 기억한다는 이론이 가장 유력하다. 즉 연어가 알에서 부화해 강에서 일정 시간을 보내는 동안 강물의 냄새를 기억하고, 바다에서 사는 동안에도 그 냄새를 잊지 않고 기억한다는 것이다. 환경에 대한 기억을 어떤 방식으로 자신의 몸에 축적하는지는 분명하게 밝혀지지 않았다. 하지만 연어의 머리 부근에서 발견된 돌 모양의 입자가 연어의 기억력과 관련이 있을 것이라는 가설에 무게를 두고 지금도 과학자들의 연구는 한창 진행 중이다.

11

# 천적, 지피지기면 백전백승
# 천연농약

<손자>의 모공편에는 '백전백승'에 대한 다음과 같은 기록이 있다.

"승리하는 방법에는 두 가지가 있다. 첫째는 적과 싸우지 않고 승리하는 것이요, 둘째는 적과 싸운 끝에 승리하는 것이다. 전자가 가장 좋고 현명한 방법이라면 후자는 차선책이다. 백 번 싸워 백 번 모두 이겼을지라도 그것은 최상의 승리가 아니다. 싸우지 않고 승리하는 것, 이것이야말로 최상의 승리다. 가장 좋은 방법은 적의 의표를 간파하여 미리 방어하는 것이다. 그리고 가장 최악의 방법은 온갖 수단을 동원하여 적을 공격하는 것이다."

이 말은 농사법에도 그대로 적용해볼 수 있다. 무조건적으로 농약을 살포하여 이로운 곤충이든 해로운 곤충이든 모조리 죽일 것인가? 아니면  해로운 곤충만을 선택적으로 죽일 수 있는 기술을 연구해볼 것인가?

한국은 OECD 국가 중에서도 농약을 많이 쓰는 나라에 속한다고 한다. 그 때문에 과거 논농사를 짓는 농가의 골칫거리였던 메뚜기가 많이 줄어들었다.  하지만 그와 함께 미꾸라지, 개구리 등도 찾아볼 수 없게 되었다.

과연 농약을 사용하지 않고도 해로운 곤충을 안전하게 논이나 밭에서 몰아낼 수 있는 방법은 없는 것일까?

## 자연계의 강력한 조절 장치, '천적'

'해충'이라는 말은 농사를 짓는 인간의 관점에서 쓰는 말이다. 어쩌면 자연의 일부인 곤충을 없애려는 것은 먹이사슬로 이뤄진 자연의 균형을 깨는 일이다.

해충을 죽이기 위해 농약이 농사에 사용되기 시작한 것은 아주 오래전부터다. 성서에도 기원전 1,200년경에 밭에 소금과 재를 뿌려 해충을 없애려고 했다는 기록이 있다. 그때부터 시작된 해충과의 전쟁은 지금까지 이어지고 있다.

농약이 본격적으로 개발된 것은 합성 농약이 개발된 1825년부터다. 그런데 합성 농약의 강한 독성이 농산물이나 환경에 잔류한다는 문제점이 발견되자 농약의 안정성에 대한 우려가 제기되었다.

농약을 농작물에 살포하면 완전히 분해되어 농작물에 남아 있지 않아야 한다. 국내에서 사용되는 농약은 살포 후 5~20%가 농작물에 달라붙는다. 그러나 뿌리를 통해 작물에 투입되는 농약의 양은 극히 적을 뿐만 아니라 작물 속에 들어간다고 해도 모두 분해되어 버린다. 즉 작물에 뿌린 농약은 3~5일 이내에 대부분 분해된다고 보면 된다. 또한 토양에 잔류하는 농약도 98%가 120일 이내에 분해된다고 한다. 그러므로 농약을 정상적으로 사용한다면 작물에 남아 있는 농약은 일반인들이 걱정할 수준은 아니다.

그러나 농약을 제대로 사용하지 않고 너무 다량으로 살포하거나 농작물이 시장에 나오기 직전까지 사용하면 문제가 발생한다. 최근 들어 친환경, 무농약 농작물이 인기를 끌고 있는데, 그렇다면 그 작물들은 농약을 쓰지 않고 수확한 것일까? 농약을 전혀 사용하지 않게 되면 작물에 따라 적게는 20%, 많게는 전량 모두 수확하지 못하는 경우가 발생한다고 한다. 그런데 어떻게 농약을 사용하지 않을 수 있을까?

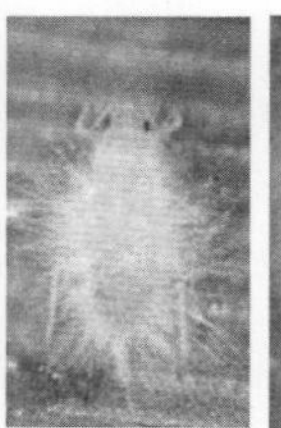
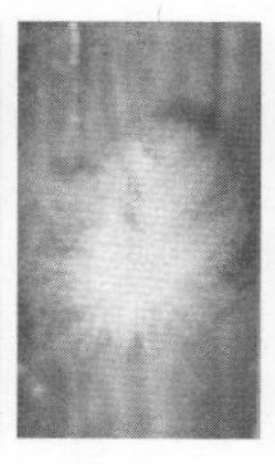

진드기에 달라붙어 있는 천적 곰팡이.

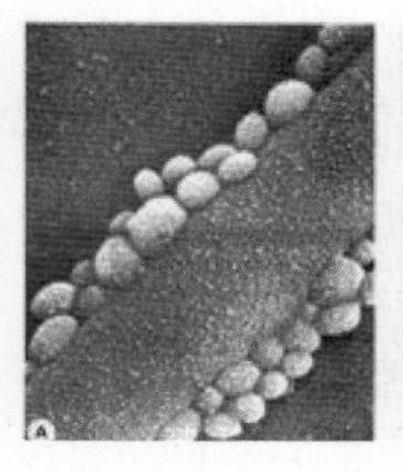
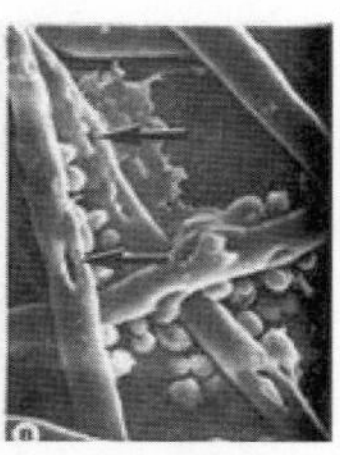

세포벽을 녹이는 박테리아의 모습. 곰팡이 균사에 구멍이 나 있다.

그 답은 천적 이용에 있다. 천적이 없는 종은 무한 번식을 하기 때문에 생태계가 균형을 잃게 된다. 그러므로 천적을 잘만 이용하면 화학 농약을 사용하지 않고도 작물에서 발생하는 병을 막을 수 있다.

예를 들어 감귤을 창고에 보관할 때 생기는 검은 병의 정체는 곰팡이다. 이 곰팡이의 천적은 곰팡이를 분해시키는 세균이다. 이때 곰팡이나 세균들이 상대방을 공격하는 방법은 매우 다양하다.

가장 대표적인 방법은 상대에게 달라붙어 상대방의 세포벽을 녹이는 일이다. 세포벽은 주로 '베터-글루칸'이라는 나무 섬유와 비슷한 구조로 되어 있는데, 비교적 단단하게 되어 있는 이 구조는 세포벽 분해효소에 의해 구멍이 뚫린다. 벽에 구멍이 뚫리면 균은 죽는다. 강력한 항생제인 페니실린은 세포벽의 합성을 저해한다.

## 천적을 이용한 친환경 농사법

천적 기능을 가진 균을 찾는 방법은 경우마다 조건이 다르지만 가장 일반적인 방법은 천적 균이 있을 만한 여건을 만드는 것이다. 진드기의 경우 서식지에서 죽어가는 진드기에서 곰팡이균을 분리하는 것이 가장 쉽다. 아니면 곰팡이가 많은 환경에 진드기를 노출시켜 진드기를 죽이는 녀석을 골라내면 된다.

이 곰팡이를 진드기가 한창 기승을 부리는 배추밭에 뿌리면 곰팡이는 진드기에게만 해를 입히고 사람이나 작물 등에는 해를 입히지 않는다. 그야말로 맞춤형 천연 농약인 셈이다.

감귤에 달라붙은 시커먼 곰팡이를 없앨 천적 균을 고르는 방법도 이와 비슷하다. 호랑이를 잡으려면 호랑이 굴에 들어가야 하듯 우선 시커먼 곰팡이와 천적 균이 있을 만한 흙을 골라 섞어 감귤에 그 흙을 바른다. 만약 흙 속에 천적 균이 있다면 그 흙을 바른 감귤에는 시커먼 곰팡이가 생기지 않게 된다. 물론 흙 속에 많은 후보자 균들이 있다는 가정하의 일이다. 하지만 걱정할 필요는 없다. 실제로 흙 1g에는 수십, 수백만의 다양한 균들이 살고 있기 때문이다.

세균을 이용한 생물농약은 '비티균'이라 불리는 바실러스균에서 시작되었다. 이 균 속에는 단백질이 들어 있는데 이 단백질이 곤충의 장 속에서 벽을 녹인다. 그러면 이 균을 먹은 곤충이 죽게 된다. 이 균은 사람이나 다른 작물에는 해를 끼치지 않는다.

생물농약의 가장 큰 장점은 다른 생물체에 전혀 해를 끼치지 않는다는 것이다. 기존의 농약은 대부분 해당 곤충이나 균이 성장하지 못하도록 하기 때문에 장기간 사용하면 돌연변이가 생겨 농약이 살포되어도 끄떡없는 면역성을 가진 곤충이 생겨난다. 그에 반해 천적을 이용한 생물농약은 안전하게 오랫동안 사용할 수 있다.

물론 생물농약에도 단점은 있다. 한번 뿌리면 농작물을 제외한 모든 곤충이나 균들이 죽는 기존의 농약에 비해 특정 해충에게만 적용되어 그 대상 범위가 좁다는 것이다. 또 살아 있는 생명체이다 보니 제조, 보관, 유통 방법이 기존의 농약에 비해 복잡하다. 그러나 이 모든 단점에도 불구하고 가장 자연적이고 친환경적인 농약임에는 틀림없다. 그러므로 좀 더 효과적으로 천적 관계를 이용할 수 있는 방법을 다양하게 찾아보는 것이 중요하다.

## 숨겨진 천적관계를 이용하여 만드는 차세대 농약

또 다른 생물농약 방법은 곤충이 애벌레 단계일 때 선충을 사용하는 것이다. 이 선충은 크기가 1mm 이하로 매우 가는 실 모양을 하고 있다. 주로 명나방, 해충, 굴파리 등에 기생하거나 침투하는데 흙 속에서 상대 애벌레의 냄새를 맡고 추적하는 솜씨가 비행기 미사일 빰칠 정도로 뛰어나다.

침투하는 곳은 주로 해충의 입이나 항문 등인데 자신의 몸에 공격용 세균을 갖고 있는 선충은 그 세균을 해충의 장 안으로 발사한다. 그러면 곤충은 독소를 내뿜는 세균에 의해 24시간 안에 죽게 된다.

흙 속에서도 마찬가지다. 목표로 하는 해충을 레이더로 정확하게 추적한 뒤 기관총 같은 독소균을 장 내에 침투시켜 죽인 후 그 해충을 자신의 식량으로 사용한다. 그래서 이런 선충을 높은 농도에서 키워 생물농약으로 사용하는 연구가 국내에서 한창 진행되고 있다.

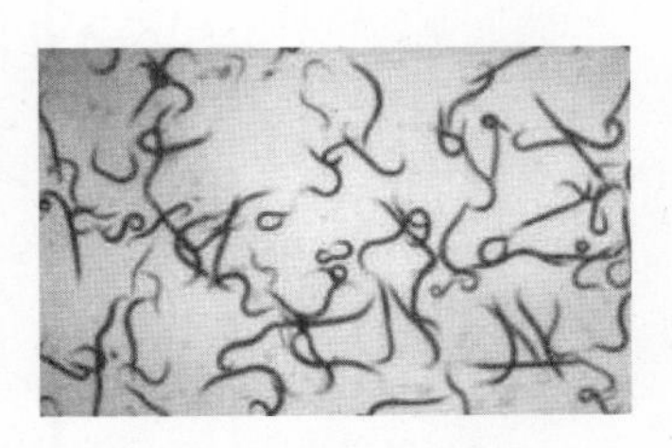

생물 농약에 이용되고 있는 선충.

자연에는 이렇듯 우리가 미처 발견하지 못한 수많은 천적 관계들이 있다. 그러므로 그 관계를 잘 찾아내면 안전하고 효과적인 천연농약을 만들 수 있다.

이미 제주 지방에서는 귤의 해충만 죽이는 천연농약이 사용되고 있다고 한다. 이처럼 자연적인 경쟁, 즉 천적을 이용한 천연농약이 전국으로 확산되면 논에서 사라진 메뚜기, 개구리, 미꾸라지 등도 다시 돌아오게 될 것이다.

12

# 자살특공대가 된 살모넬라균
# 암 치료기술

1800년 독일의 한 병실에서 이상한 현상이 관찰되었다. 암에 걸린 환자와 식중독균에 감염된 환자가 같은 병실에 입원하고 있었는데 점점 시간이 지나면서 암 환자의 몸속에 있던 암 크기가 줄어든 것이다. 더욱 놀라운 것은 이 환자의 암 덩어리 속에 옆에 있던 식중독 환자의 식중독균인 살모넬라균이 다량으로 모여 있었다는 점이다. 특히 살모넬라균은 암 환자의 몸속 다른 부위보다 암 덩어리에 무려 1,000배나 많이 몰려 있었다.
살모넬라균이 암 덩어리에 모여든다는 사실은 과학자들이 암과 살모넬라균의 관계를 연구할 수 있도록 계기를 마련해주었다. 최근 들어 암세포를 치료하는 데 실제로 살모넬라균을 사용하면 큰 효과를 볼 수 있다는 사실이 확인되었다. 살모넬라균이 암세포만을 추적하여 항암제 폭탄을 떨어뜨리도록 한 것이다. 그렇다면 유해한 박테리아의 하나로만 인식되었던 살모넬라균이 어떻게 암 환자에게 희망을 줄 수 있는 균으로 변하게 된 것일까?

## 뛰어난 암 추적자, 살모넬라균

1800년에 발견된 살모넬라균의 암 추적 능력은 사람들의 큰 관심을 불러모았다. 그러나 곧바로 치료약으로 사용되지는 못했다. 살모넬라균이 가진 독성 때문이었다.

살모넬라균은 식중독을 일으키는 대표적인 균이다. 살모넬라균은 주로 소화기(특히 대장)에 침투해 심한 설사를 일으킨다. 그래서 이 균에 감염되면 설사를 심하게 하다가 탈수 증세를 보이게 된다.

살모넬라균이 인체 안으로 들어가면 그 독성 때문에 인체는 면역반응을 일으켜 살모넬라균을 제거한다. 하지만 암 환자의 경우엔 면역력이 약해져 있기 때문에 살모넬라균이 면역반응에 의해 제거되지 않고 살아서 암 덩어리에까지 갈 수 있다.

과학자들이 살모넬라균에 매료된 것은 암을 추적하는 능력 때문이었다. 일단 암을 찾아내야 치료를 하든 말든 할 수 있기 때문이다. 물론 인체의 면역 시스템이 암세포의 정체를 먼저 눈치채서 공격을 하면 좋겠지만 암세포가 생기는 단계에서는 인체가 이미 약해질 대로 약해져 있는 상황이다. 게다가 암 덩어리 근처는 산소가 부족하다. 이렇게 되면 면역계의 공격용 세포들이 제대로 활동하지 못할 뿐 아니라 암 덩어리에서 나온 신호 물질 등이 면역계 세포들의 움직임을 방해한다.

또 암세포 근처에 있는 세포와 세포 사이의 연락도 막혀 있어 "이곳에 암세포가 자라고 있어요!"라는 구조 신호를 면역계에 전달할 수가 없다. 암세포가 외부와의 연락을 차단시키고 산소와 영양분을 모두 빼앗아가기 때문이다. 그런데 살모넬라균을 정맥에 주사하면 그 균은 인체 전체로 퍼지다가 암세포에 모여든다.

그렇다면 살모넬라균은 왜 암세포만 찾아다니는 걸까?

암세포는 빠른 속도로 성장하면서 주위의 영양분, 특히 산소를 없앤다. 그래서 산소 부족으로 정상 세포들이 죽게 된다. 그러면 죽은 세포에서 '리보스'라는 당 성분이 흘러나오는데 바로 그것을 살모넬라균

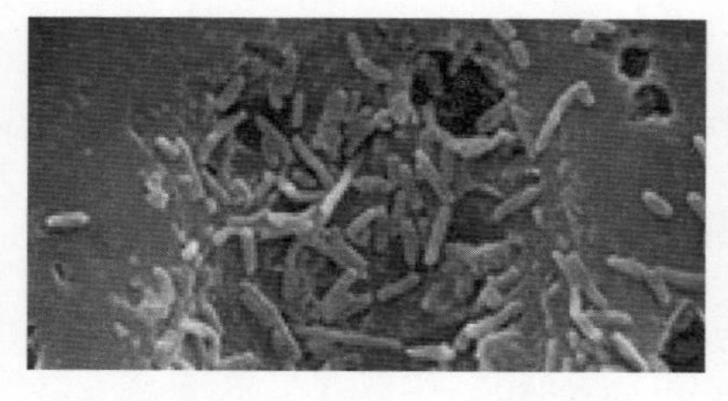

암 덩어리의 내부에 침투하여 사멸시키는 식중독균.

이 좋아한다. 살모넬라균은 죽은 동물의 냄새를 맡고 달려드는 하이에나처럼 리보스의 냄새를 추적해 그곳으로 모인다.

살모넬라균이 리보스를 추적할 때는 안테나와 편모를 이용해 빠르게 이동한다. 편모는 분당 수천에서 수만 번의 회전을 한다.

살모넬라균은 특히 폐암, 대장암, 유방암, 전립선암, 간암, 신장암 등 고체 형태의 암을 잘 찾아낸다. 이런 고체 형태의 암세포에서 리보스가 흘러나오기 때문이다. 반면 고체 형태의 암이 아닌 백혈병 등 혈액암의 경우에는 살모넬라균을 적용하기가 어렵다는 단점이 있다.

## 항암제를 장착한 자살특공대

암세포의 가장 큰 적은 인체의 면역력이다. 그러나 암 환자는 이미 면역력이 많이 약해져 있기 때문에 암세포로서는 무서울 것이 없다. 의사들이 주사로 항암제를 환자의 몸속에 투여하지만 그 항암제가 암세포까지 가기란 쉽지 않다. 가야 할 길이 멀 뿐 아니라 넘어야 할 장벽들도 많기 때문이다.

또 항암제는 암세포만 선택적으로 파괴하지 못해 몸 안의 다른 정상 세포들에게도 함께 피해를 주게 된다. 그래서 머리카락이 빠지는 등의 부작용이 생기는 것이다. 이러한 부작용을 없애기 위해 암세포의 외부를 목표로 항체에 항암제를 붙여서 넣기도 하지만 그것 역시 썩 효과적이지는 않다.

그에 비하면 살모넬라균은 먹을 것을 찾아다니는 하이에나처럼 매우 적극적으로 암세포를 찾는다. 살모넬라균으로서는 그곳이 산소가 적은 지역이라고 해도 상관없다. 살모넬라균 자체가 반드시 산소를 필요로 하지 않기 때문이다. 뿐만 아니라 살모넬라균은 암세포가 몰려 있는 곳에서 스스로 번식해 수를 늘릴 수가 있다. 그러므로 암세포를 치료하려는 과학자들에게는 살모넬라균보다 더 좋은 능력을 가진 특공대가 없는 것이다.

연구자들은 이런 추적 기능을 가진 살모넬라균을 암세포를 없애는 무기로 변환시키기 시작했다. 가장 먼저, 면역반응을 일으키는 살모넬라의 유전자를 제거했다. 그리고 설사를 일으키는 독성 물질도 제거했다. 인체에 문제를 일으키는 모든 것을 제거한 후 암세포를 공격하기 위한 인터류킨(림프구나 단핵구에서 생산, 분비되어 주로 면역 조절에 관여하는 물질) 유전자를 장착했다. 이 유전자는 인체 내에서 일종의 경비견 역할을 하며 주위에 암세포가 있으면 근처에 있는 면역 경찰서로 신호를 보낸다. 그러면 면역 경찰서에서는 바로 암세포를 공격한다(예전에는 바이러스를 이용해 공격용 유전자를 암세포에 보냈지만 요즘은 바이러스 자체가 인체에 문제를 일으키는 경우가 많아 바이러스를 잘 이용하지 않는다).

살모넬라균은 공격용 유전자를 외부에서 쉽게 장착할 수 있다. 심지어 암세포 안에 있는 특정 유전자의 작동을 중지시키는 물질도 장착할 수 있다. 게다가 암세포가 망쳐놓은 세포와 세포 사이의 연락망을 복원해 주변에 암세포가 있다는 것을 알려주기도 한다.

이처럼 살모넬라균은 세포와 세포 사이의 통신 수단을 복구해 세포들이 다시 통신할 수 있도록 하면서도 암세포를 직접 공격할 수 있고, 주위의 공격 수단을 동원한 간접 공격도 할 수 있다. 그야말로 최고의 공격수인 셈이다.

이뿐만이 아니다. 살모넬라균은 항암제나 항체가 스스로 움직이지 않고 인체 내 혈관을 따라 흐르며 전체에 퍼지는 것과 달리 부지런히 암세포를 찾는다. 그러므로 콕 집어서 암세포만을 찾아내는 살모넬라균의 능력을 잘만 이용하면 새로운 항암 치료의 가능성이 활짝 열려 있다고 해도 과언이 아니다.

가미가제는 제2차 세계대전에서 항공기에 폭탄을 싣고 미국 함정에 그대로 돌진한 일본군 자살 특공대를 말한다. 살모넬라균도 죽음을 무릅쓰고 암세포 내로 침투하기 때문에 가미가제 특공대라고 할 수 있다. 하지만 일단 암의 치료가 완료되면 그 즉시 살모넬라균의 임무도 끝난 것이기 때문에 인체 내에서 없어져야 한다. 그래서 항생제를 주입해 간단히 살모넬라균을 제거한다.

살모넬라균이 암 덩어리에 밀집하는 것을 우연히 발견한 덕분에 이제 우리는 죽음의 위기에 처해 있던 소중한 생명들을 살릴 수 있게 되었다. 앞으로 살모넬라균의 암 추적 능력을 잘 모방한다면 더욱 효과적인 최신 항암 무기를 만들 수 있을 것이다.

또한 살모넬라균이 암세포 대신 다른 질병을 목표로 이동하게 할 수도 있다. 살모넬라균을 우리 몸에 해를 끼치는 적균이 아닌 도움을 주는 아군으로 이용하는 것은 전적으로 우리의 손에 달려 있다.

**tip**

### 식중독, 끓이면 무조건 괜찮을까?

대부분의 균은 끓여서 없어지지만 일부 포자를 생성하는 균은 끓여도 죽지 않는다. 그래서 의심이 되는 음식은 버리는 것이 상책이다. 식중독의 원인이 이런 균 때문이 아니고 균이 만든 독소인 경우는 더욱 간단치 않다. 생성된 독의 종류에 따라 끓여도 독이 없어지지 않는 경우가 있기 때문이다.

독소는 구조가 다양하다. 단백질인 경우 끓이기만 하면 구조가 파괴되면서 독성이 없어진다. 하지만 다른 구조인 경우에는 파괴가 안 된다. 포도당을 끓인다고 구조가 깨지지 않는 것과 마찬가지다. 실제로 실험실에서 바실러스균을 배양하면 나오는 항균물질은 100도씨에서 15분간 끓여도 그 구조가 그대로이다. 대표적인 식중독균인 살모넬라균 중에는 이런 독소를 만드는 종류가 있다. 이 독소는 121도씨 30분에서도 독성이 유지되고 곰팡이에서 나오는 마이코톡신은 170도씨에서나 분해된다. 이런 독소들은 고기가 부패한 경우, 굴이 오염된 경우 등에서 관찰된다.

자연에서 발견한 위대한 아이디어 30

# Part 3
# 자연의 역발상, 생각을 전복시켜라

파도가 세차게 부딪치는 바위나 심지어는 고래의 등에도 찰싹 달라붙어 사는 생물들은
스스로 어떤 접착제를 만들어내기에 아무 곳에나 원하는 대로 붙어 있을 수 있는 것일까?
인간이 인공적으로 만들어낸 순간접착제보다도 성능이 좋은 홍합접착제를 이용해
수술 부위에 풀칠하듯 바를 수는 없는 걸까?

13

# 뗄수록 달라붙는 신기한 씨앗 벨크로

터키 중부 지방의 한 야산을 오를 때였다. 앞에서 걷던 외국인 등산객이 민들레 씨앗을 보여주며 자신의 나라 호주에서는 그 씨앗을 호호 입으로 불면서 소원을 빌면 소원이 이루어진다고 했다. 그러면서 민들레 씨앗을 '훅~' 하고 불어 하늘로 날려보냈다.

그때 나는 멀리멀리 날아가 흔적조차 보이지 않는 민들레 씨앗을 바라보며 한 시인이 쓴 '민들레'라는 시를 떠올렸다. 민들레 풀씨처럼 높지도 않고 낮지도 않게 그렇게 세상의 강을 건널 수는 없을까, 라는 부분이다.

식물은 지나가는 동물에 붙거나 흐르는 물에 실려가거나 혹은 바람을 타고 날아가 씨앗을 퍼뜨린다. 사람의 입김도 씨앗을 전파하는 데 일조하고 있는 셈이다. 민들레 씨앗을 불어본 적이 있는 사람이라면 이런 생각을 한 번쯤 했을 것이다. 저렇게 많은 씨앗들이 어떤 경로로 세상 곳곳에 뿌려지는 것일까?

## 씨앗을 퍼뜨리는 식물의 다양한 방법

등산을 하고 나면 옷에 무언가 달라붙는데 이를 가만히 살펴보면 그 모양이 조금씩 다르다는 것을 알게 된다.

도꼬마리, 엉겅퀴, 도깨비풀 씨앗은 바늘 모양의 고리를 이용해 동물에 달라붙어 자신의 씨를 퍼뜨리면서 번식을 한다. 이처럼 스스로 움직이지 못하는 식물은 다른 동물에 붙어 씨앗을 퍼뜨리는 것이 가장 효과적이다.

도꼬마리. 국화과 한해살이풀로 줄기의 높이가 1.5m 정도이고 온몸에 거친 털이 많다.

바늘 모양의 갈고리는 그 구조가 매우 특이해서 옷에 한번 붙으면 잘 떨어지지 않는다. 그렇다면 어떻게 해서 씨앗이 갈고리 모양으로 진화하게 된 걸까? 단순하게 생각하면 바로 갈고리 모양으로 진화해야 씨앗이 잘 퍼지고 표면에 잘 달라붙을 수 있기 때문이다.

식물이 씨앗을 퍼뜨리는 방법은 다양하다. 열매의 색깔을 붉은색으로 만들어 새나 포유류의 눈에 띄기도 하고, 끈적끈적한 점액 물질을 만들어서 달라붙기도 한다. 어떤 열매는 씨앗 옆에 달콤한 물질을 만들어 개미들이 물어다 옮기게 하는 방법을 쓰기도 한다.

그런가 하면 물가에 있는 나무들은 흐르는 물에 씨앗을 떨어뜨려 멀리멀리 흘려보낸다. 봄에 피는 버들강아지와 냇가에 늘어선 미루나무 등이 이 같은 방식으로 씨앗을 퍼뜨린다. 물을 이용해 씨앗을 퍼뜨리려면 그 씨앗이 물에 잘 뜨는 구조로 되어 있어야 한다. 그래서 씨앗은 코르크질을 발달시켜 무게를 가볍게 만들거나 밀랍 같은 물질로 씨앗의 표면을 방수 처리한다.

바람을 이용한 방법도 있다. 민들레와 엉겅퀴, 박주가리 씨앗 등은 모두 낙하산 방법으로 씨를 퍼뜨린다. 그중 민들레 씨앗은 솜사탕 같은 모양을 하고 있다가 손으로 톡 치면 불꽃처럼 사방으로 흩어진다. 바람을 이용하는 열매들은 바람을 잘 타야 하므로 씨앗 이외의 부분이 매우 가볍다. 또한 씨앗의 모양도 프로펠러나 부채, 깃털처럼 생겨 살살 부는 바람에도 둥실둥실 잘 날아간다.

박주가리 씨앗. 덩굴의 줄기가 3m까지 자라며, 잎끝이 뾰족하다.

이밖에 벚나무, 작살나무, 산수유처럼 스스로 죽어서 씨앗을 옮기는 살신성인 식물들도 있다. 씨앗을 달달한 과일 형태로 만들어 동물이 먹게 한 뒤 그 배설물로 나오게 하는 것이다. 이 씨앗들은 동물의 내장 속에서 온전한 모양을 유지하기 위해 단단한 껍질로 싸여 있다.

'우엉'이라고 불리는 식물의 모습.

그뿐만이 아니다. 미국 서부 지역에 있는 메타세콰이어나무 씨앗처럼 방화용 껍질 구조로 되어 있다가 고온이 되어야만 튀어나오는 특이한 것들도 있다. 산불이 심한 미 서부 지역에서 산불 후에도 씨앗이 살아남아 식물이 자라기 위해서는 이런 구조가 최적의 방법이다.

## 씨앗에서 얻은 힌트, 벨크로

식물이 갈고리를 이용해 씨앗을 퍼뜨리는 것을 보고 연구자들은 벨크로라는 것을 만들었다. 벨크로는 섬유 부착포(fabric hook and loop fastener)를 말하는 것으로 이것을 잡아당겨 뗄 때 '찌익' 하는 소리가 난다고 하여 '찍찍이'라는 별칭으로 불려지기도 한다.

벨크로는 자연 속 식물의 씨앗 형태를 그대로 흉내내어 만든 최초의 상품이다. 그래서 자연 모방에 관한 문헌이나 아이디어에 관한 서적 등에 감초처럼 등장한다.

게오르그 드 메스트랄. 우연히 옷에 붙은 씨앗을 벨크로로 연결시킨 세기의 발명가.

벨크로가 탄생하게 된 배경도 매우 재미있다. 평소 사냥을 좋아하는 스위스 출신의 전기 기술자 게오르그 드 메스트랄(George de Mestral)은 1941년 알프스 산 근처의 산으로 사냥개와 함께 산책을 다녀왔다. 그런데 자신의 옷에 무언가 잔뜩 달라붙어 있는 것이 아닌가. 자세히 보니 끝에 작은 가시들이 달려 있는 원형 모양의 씨앗이었다. 평소 호기심이 많은 메스트랄은 그 모양을 현미경으로 관찰했고 씨앗의 구조가 매우 독특하다는 사실을 발견했다. 식물 씨앗의 주위에 수많은 갈고리가 있기 때문에 옷에 달라붙어도 잘 떨어지지 않았던 것이다. 메스트랄은 이 씨앗을 발견해 세계 최초로 섬유 접착포를 발명한 사람이 되었다. 이로 인해 막대한 부를 거머쥔 것은 물론이다.

메스트랄은 처음에 프랑스 리옹에 밀집해 있는 몇 군데의 방적 회사에 찾아가 자신의 아이디어를 함께 개발하자고 제의했으나 거절당했다. 하지만 메스트랄은 포기하지 않고 직접 개발에 나섰다.

벨크로의 루프(좌)와 후크(우)의 모습.

메스트랄은 우선 면(cotton)으로 갈고리(hook)와 고리(loop)를 만들었다. 그러나 면은 곧 헤져서 접착포로서의 기능을 하기가 어려웠다. 그래서 그는 면이 아닌 다른 소재를 찾기 시작했다.

이때 나일론이 등장한 것은 그에게 행운이었다. 나일론으로 고리 모양을 어떻게 만들 것인지 고민하던 끝에 메스트랄은 결국 뜨거운 적외선 아래에서 여러 매듭이 겹쳐 고리가 되는 현상을 찾아냈다. 일단 고리를 먼저 만들어야 그 고리를 갈고리 모양으로 잘라 훅(hook)과 루프(loop)로 완성할 수 있었던 것이다.

그러나 루프가 만들어진 후 열을 가해서 탄성을 준 것까지는 비교적 순조로웠으나 루프를 적당하게 자르는 데서 문제가 발생했다. 당시의 작업 도면(후의 특허 도면)을 살펴보면 메스트랄이 얼마나 고민했는지 그 흔적이 역력하게 나타나 있다. 메스트랄은 루프의 길이를 얼마로 해야 할지, 또 후크는 어떻게 만들어야 쉽게 연결될지 고민에 고민을 거듭했다. 벨크로의 핵심은 루프를 만든 후 적당한 모양으로 자르는 일이었기 때문이다.

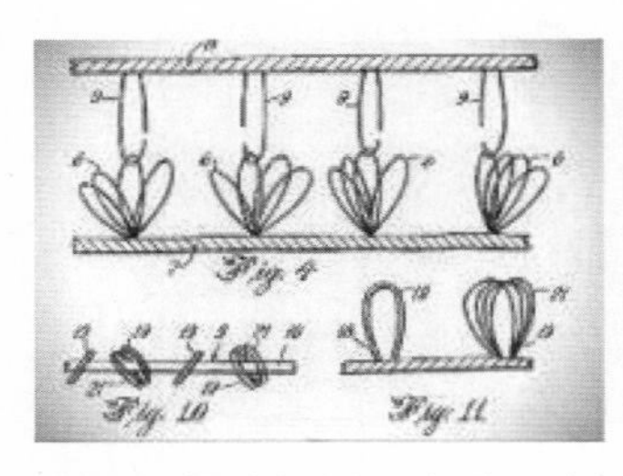


벨크로를 만들어낸 작업 도면. 메스트랄이 루프와 후크를 만들기 위해 생각에 생각을 거듭한 흔적이 드러나 있다.

몇 년 동안 연구를 했지만 해결 방법이 떠오르지 않자 메스트랄은 자포자기하고 말았다. 그런데 바로 그때 불현듯 떠오르는 아이디어가 있었다. 바로 머리를 자르거나 정원에서 나뭇가지를 솎아낼 때 쓰이는 트림형 가위였다.

1951년, 메스트랄은 드디어 천(velour)에 고리(crocket)가 있는 벨크로(velcro)를 만들었다. 10년간의 노력이 드디어 결실을 맺는 순간이었다. 물론 메스트랄이 벨크로를 만들 당시 나일론이 발명되지 않았더라면 벨크로는 사용되지 않았을지도 모른다. 메스트랄의 입장에선 그의 아이디어를 받쳐줄 만한 다른 기술이 당시에 있었다는 것도 큰 행운이었다.

## 벨크로를 응용한 제품

벨크로가 시장에 나온 1957년 당시엔 하나의 후크와 하나의 루프가 있는 의류용 단추가 많이 쓰였다(지금도 여성용 속옷인 브래지어의 단추 등에 많이 쓰인다). 그래서 아주 작은 미세한 후크와 루프가 천에 붙어 있는 벨크로는 나오자마자 세간의 주목을 받았다. 신문에서도 '지퍼 없는 지퍼(zipperless zipper)'라며 호평 일색이었다. 그러나 그뿐이었다.

시장의 반응은 미적지근했다. 당시 사람들에게는 지퍼와 비교해 쓰다 남은 천 조각을 이용한다는 인식이 강했던 것이다.

그러던 중 NASA에서 벨크로를 우주선에 사용했다. 우주선 안은 무중력 상태이기 때문에 둥둥 떠다니는 우주비행사의 등에 벨크로의 한 면을 감고, 또 다른 면을 벽에 붙이면 언제 어디서나 쉽게 붙었다 뗐다를 반복할 수 있었다. 우주복처럼 장갑과 헬멧 등으로 단추를 잠그기 불편한 곳에서는 벨크로가 매우 편리하게 사용되었다. 하지만 NASA에서의 사용은 오히려 일반 대중에게 벨크로는 NASA처럼 최첨단 장비를 사용하는 곳에서 쓰이는 특수 목적용의 접착포라는 인식만 심어주는 역효과를 가져왔다.

이후 벨크로는 우주복과 비슷한 환경을 가진 스키복에서 그 숨통이 트였다. 두터운 장갑을 낀 손으로는 스키복 단추와 지퍼를 잠그기가 불편했다. 그래서 단번에 조일 수 있는 벨크로 접착포가 스키복에 사용된 것이다.

아이들이 단추나 지퍼를 자유자재로 다루지 못한다는 점을 착안해 아동용 의류와 신발 등에도 벨크로가 사용되었다. 그때가 1970년경으로 한국에서도 찍찍이 신발이 본격적으로 선보이던 때였다.

벨크로의 용도는 단순히 의류나 신발에 붙이던 것에서 다양한 방향으로 전개되었다. 벨크로의 최대 장점은 두 면을 간편하게 접착시킬 수 있다는 점과 4cm의 조각만으로도 70kg의 거구를 들 수 있는 강한 접착력이다. 10cm의 조각에 3,000개의 고리와 연결고리가 만들어낸 결과이다.

벨크로는 소매치기가 내 지갑을 열 때 알려주는 도난 방지 역할을 하기도 한다. 하지만 떼어낼 때 '찌익' 하고 나는 소리 때문에 군대에서는 적에게 노출될 염려가 있었고, 그래서 소리가 나지 않는 벨크로를 개발하기도 했다.

이처럼 식물의 씨앗 모양을 모방해 만들어진 벨크로는 수십 년 동안 다양한 분야에서 사용되고 있다. 갈고리 모양을 한 씨앗은 스위스가 아닌 대한민국 서울, 알프스가 아닌 관악산에서도 달라붙는다. 우리가 '찍찍이'라고 알고 있는 벨크로가 이런 성질을 이용해 만들어졌다는 사실을 알지 못했다면 사람들은 언제까지나 그것을 대수롭지 않게 여겼을 것이다.

모든 위대한 발명품은 알고 보면 자연에서 발견된다고 해도 과언이 아니다. 결국 평소 주변의 사물을 관심 있게 지켜본다면 누구든 새로운 창조물을 만드는 데 필요한 멋진 아이디어를 얻게 될 것이다.

## 식물의 씨앗은 먹지 마라?

청매실이나 은행은 그 안에 독극물인 시아나이드, 즉 청산가리의 원료 물질이 들어 있다. 소량이지만 그 씨앗을 많이 먹으면 위험해질 수 있다.

그런데 왜 식물은 퍼뜨려야 할 자기 씨앗에 위험한 독을 품고 있을까? 모든 식물의 궁극적인 목적은 온 세상에 씨앗을 퍼뜨리는 일이다. 이를 위해서 지나가는 동물의 등에 잘 달라붙도록 갈고리를 만들어 붙이기도 한다. 또한 흐르는 개울 옆에서 피어나는 버들강아지는 물에 씨앗을 떨어뜨린다.

문제는 씨앗을 동물이 먹었을 때다. 다른 동물의 배를 채우기 위해서 씨앗을 만들지는 않았을 테니 먹은 씨앗은 부서지 않고 그대로 변으로 배출되어야 한다. 그래야 씨앗이 퍼지게 된다. 만약 그렇지 않으면 식물은 나름대로 동물이 씨앗을 먹었을 때 고통을 주거나 죽여서 동료에게 경고를 주어야 한다. 즉 씨앗에 독극물을 숨겨놓아서 씹거나 분해하면 그 물질이 나와 고통을 주는 것이다. 그로 인해 동물은 그 씨앗을 먹지 않고 뱉어낼 것이고, 설사 먹더라도 씨앗이 분해되지 않는 경우에만 먹을 수 있게 된다. 그러면 씨앗을 멀리멀리 퍼뜨릴 수 있다.

실제로 아프리카 나미브사막의 한 식물의 씨앗에는 겨자가 듬뿍 숨겨져 있다. 과일은 먹되 씨앗은 먹지 말라는 식물의 경고인 것이다.

14

부착생물계의 다윗, 홍합의 재발견

# 의료용 접착제

서해안에 있는 무창포 해수욕장은 물이 빠지면 바다에서 섬까지 길이 열린다. 해변에서 섬까지 약 30분 정도 걸어가면서 잠겨 있던 바다 속을 들여다보는 것은 참으로 신기한 일이다. 게다가 바위에 붙어 있는 굴이나 홍합 등을 직접 채취할 수도 있다. 물론 그 일이 결코 쉽지만은 않다. 홍합을 채취하려고 날카로운 돌로 내리쳤다가 애꿎은 손등만 찍어 피를 볼 수도 있기 때문이다.

거친 파도가 몰아치는 바위와 고래의 등에 붙어 있는 부착생물.

그렇다면 파도가 세차게 부딪치는 바위나 심지어는 고래의 등에도 찰싹 달라붙어 사는 생물들은 스스로 어떤 접착제를 만들어내기에 아무 곳에나 원하는 대로 붙어 있을 수 있는 것일까?

인간이 인공적으로 만들어낸 순간접착제보다도 성능이 좋은 홍합접착제를 이용해 수술 부위에 풀칠하듯 바를 수는 없는 걸까?

## 놀라운 접착력을 가진 홍합

홍합이 바위에 달라붙는 특성에 대한 연구는 오랫동안 진행되어왔다. 그러나 본격적으로 홍합의 접착력을 산업화하려는 연구가 진행된 것은 최근 들어서이다.

홍합은 지름 2mm의 가는 실 모양 받침처럼 생긴 '족사'라는 단백질을 만들어 이를 바위 등에 찰싹 달라붙는 데 사용한다. 이 받침 한 개로 약 12.5kg의 무게를 지탱할 수 있는데 홍합은 이런 접착 받침을 약 10개 정도 만들어낸다. 홍합 한 개가 무려 125kg의 물체를 들어 올릴 수 있는 셈이다. 이 정도의 강력한 접착력을 가진 홍합을 바위에서 떼어내기란 결코 쉽지 않다. 따라서 이제부턴 홍합을 단순하게 포장마차에서 파는 안주로 보기보다는 고도의 접착 기술력을 가진 접착의 '고수'로 보아야 할 것이다.

족사단백질을 얻으려면 10,000개의 홍합을 채취해야 겨우 1g을 얻을 수 있다. 홍합탕 한 그릇에 20개의 홍합이 들어간다고 가정하면 500개의 홍합탕이 있어야 접착제 1g이 나온다는 얘기다. 그러니 홍합에서 나오는 단백질로 접착제를 만들기란 매우 어려운 일이다.

족사단백질을 대량으로 만들어내기 위해서는 족사단백질을 구성

하는 성분이 무엇인지를 알아내는 것이 중요하다. 족사단백질은 바위 등에 달라붙는 접착 성질을 가진 플라크 부분과 밧줄처럼 중간 역할을 하는 콜라겐 부분으로 구성되어 있다. 콜라겐은 동물의 피부에 많이 들어 있는 것으로 구두를 만들 수 있을 만큼 질기고 튼튼하다. 족사의 외부에는 단백질 막이 형성되어 있는데 이는 족사를 분해하지 못하도록 보호하는 역할을 한다.

이렇게 족사는 플라크 단백질의 강력한 접착력과 콜라겐의 장력 그리고 쉽게 분해되지 않는 독특한 특성으로 엄청난 파도에도 홍합이 바위에서 떨어지지 않게 한다. 특히 홍합은 아미노산 유도체인 DOPA(dihydroxy phenylalanine, 아미노산의 일종으로 콩과 식물인 잠두콩 속의 줄기나 잎에 많이 함유되어 있다)를 접착제의 원료로 사용하여 효소의 도움을 받아 단백질 고분자를 형성해 바위에 풀처럼 달라붙는 것이다.

홍합은 DOPA 성분이 많을수록 결합력이 강해져 심지어는 금속끼리도 달라붙게 할 만큼 강력하다. 홍합의 어떤 족사는 DOPA가 전체 구성의 30%를 차지하는데, 그에 반해 일반 접착제는 바위나 나무 등의 틈 사이에 얇은 고분자 막을 형성해 표면과 표면을 접착시키는 수준이다.

결국 홍합이 잘 달라붙는 이유는 홍합의 다리에 해당하는 족사의 성분이 특수하고, 이 성분이 금속에도 잘 달라붙을 만큼 접착력이 강하기 때문이다.

## 수술 부위를 봉합하는 홍합접착제

홍합단백질을 이용한 접착제를 만들려면 홍합단백질을 구성하는 아미노산의 순서대로 유전자를 합성해 그것을 박테리아가 만들도록 하면 된다. 하지만 실제로 홍합단백질을 생산해보면 박테리아에서 아미노산의 순서가 홍합의 순서와 맞는다 해도 박테리아 내에서 생산을 하다보면 서로 엉키게 되는 경우가 많다. 그래서 박테리아에 맞는 아미노산의 유전자 종류를 결정하는 것이 중요하다.

만약 박테리아 이외에 좀 더 고등생물인 효모나 동물세포, 식물세포 등에서 홍합단백질을 만드는 연구가 성공한다면 홍합접착제를 대량으로 생산할 수 있고 그렇게 되면 외과의사들의 고민 한 가지는 줄어들 것이다. 홍합접착제가 제일 먼저 사용될 곳이 바로 의료분야이기 때문이다.

수술 환자의 상처 부위를 꿰매는 외과의사의 손놀림은 매우 정교해야 한다. 그래서 그들은 평소 수술 부위를 꿰매는 연습을 하기도 한다. 그러나 홍합접착제가 대량으로 생산된다면 한 땀 한 땀 바느질하듯 봉합 수술을 하는 대신 접착제로 깔끔하게 바를 수 있다.

현재 미국 식품안전청의 승인을 받은 의료용 접착제는 피브린, 알부민, 글루타알데히드, 시아노 아크릴레이트, 콜라겐 접착제 등이 있다. 이 중 가장 많이 사용되는 피브린 접착제는 트롬빈(thrombin, 혈액이 응고할 때 피브리노겐이 피브린으로 변화하는 반응에서 촉매 역할을 하는 단백질 가수 분해 효소)과 피브리노겐(fibrinogen, 척추동물의 혈장 및 림프 속에 들어 있는 당단백질)으로 되어 있는데, 이들은 혈액이 상처 등으로 공기에 노출되었을 때 바로 응고될 수 있도록 도와준다. 하지만 이 제품은 혈액에서 분리해야 하기 때문에 혈액 제공자에게 위험 요인이 전혀 없어야 한다는 단점이 있다(다른 사람의 혈액을 이용하여 만들어지는 인체 투여 제품은 모두 이 같은 문제점을 극복해야 한다).

알부민(albumin, 단순 단백질의 하나로 글로불린과 함께 세포와 체액 속의 단백질 대부분을 이룬다) 접착제와 글루타치온(glutathione, 글루탐산, 시스테인, 글리신의 세 가지 아미노산으로 이루어진 결정성 펩타이드) 접착제는 면역반응이라는 문제점이 있다.

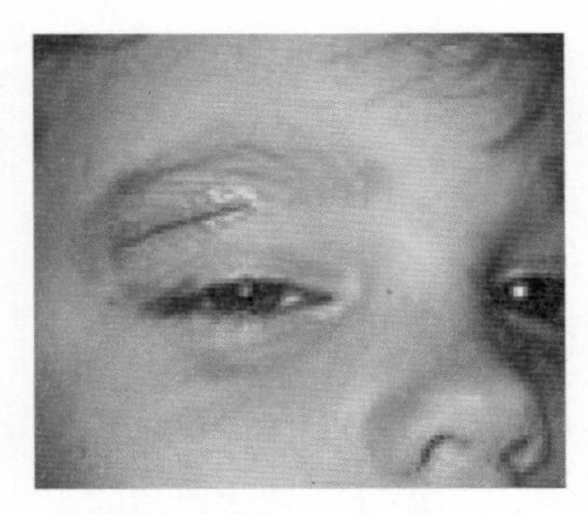

의료용 접착제. 이젠 꿰매지 않고도 풀을 붙이듯 상처를 치료할 수 있다.

시아노 아크릴레이트 접착제는 독성이 있는 포름알데히드가 생성되지 않도록 조절된 것으로 우리가 흔히 사용하는 순간접착제와 성분이 비슷하다. 그런데 이 접착제는 손에 조금만 묻어도 손가락이 붙어버릴 만큼 순간 접착의 위력이 강력한 데다 이 접착제를 수술 부위에 사용할 경우 자연적으로 분해되지 않는다는 단점이 있다. 그래서 아직까지는 상처의 외부에만 사용되고 있다.

홍합접착제가 의료용 접착제로서의 역할을 하려면 이러한 모든 문제점을 보완해야 하는 것이다.

## 홍합의 재발견

홍합은 접착제 외에도 무한한 용도로 사용될 수 있다. 특히 DOPA를 고분자화해서 생기는 폴리도파민은 다양하게 응용된다. 지금까지 표면에 무엇을 붙이기 위해서는 표면을 코팅해야 했다. 예를 들어 인공뼈의 주성분인 인산화칼슘의 결정을 성장시키려면 이것이 잘 달라붙는 표면과 이를 도와주는 물질이 있어야 하는데 폴리도파민은 그 자체가 뛰어난 코팅 능력을 갖고 있다. 그래서 인공뼈가 필요한 곳에 폴리도파민과 인산화칼슘을 발라주면 그곳이 바로 뼈가 된다.

또한 이가 빠져 고생하는 사람들에게도 희소식이 있다. 잇몸 뼈에 나사로 인공치아를 고정시키는 임플란트에서 가장 골치가 아픈 것은 잇몸 뼈가 약한 경우이다. 그래서 자기 잇몸 뼈의 성분을 잇몸 뼈에 일부 이식하고 이것이 잘 자라도록 해야 하는데 이때 성장을 돕는 것이 바로 폴리도파민이다.

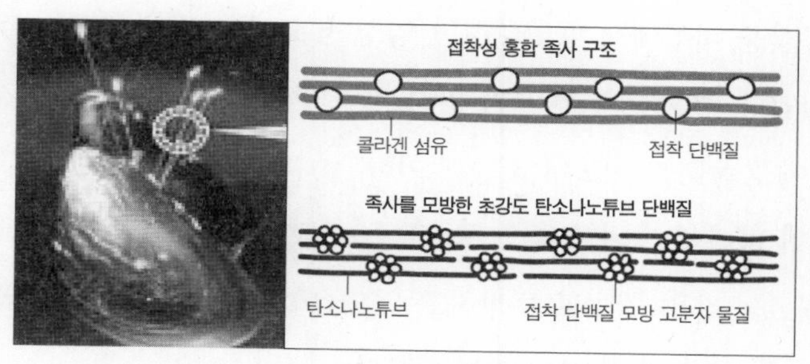


홍합의 족사를 모방한 탄소나노튜브, 둘 다 섬유 사이에 접착제 성분이 끼어 있다.

폴리도파민은 나노 분야에도 그 가능성을 보이고 있다. 기존의 탄소 나노튜브 소재보다 더 가볍고 강한 소재로 밝혀졌기 때문이다. 탄소 나노튜브가 강철보다 100배 강하고 구리보다 1,000배 더 전기가 잘 흐른다는 것을 감안할 때, 폴리도파민을 잘만 이용하면 그것보다 더 높은 강도의 섬유 소재로 만들 수 있다.

홍합은 과거 포장마차에서 한 그릇에 3,000원하는 처지에서 벗어나 이제 족사단백질 1g이 수십만 원을 넘는 수술접착제로, 그리고 나노 신소재로 변신했다. 30년이라는 긴 연구 끝에 홍합의 팔자가 순식간에 바뀐 것이다.

거친 파도를 견디며 수만 년을 지내온 홍합은 어떤 악조건에서도 바위에 붙어 있을 수 있는 방법을 알고 있다. 즉, 자기만의 방식으로 살아남는 데 도가 튼 것이다.

홍합이 이제야 사람의 눈에 띈 것은 아니다. 사실 오래전부터 누구나 홍합을 바위에서 떼어내려면 엄청난 고생을 해야 한다는 것을 알고 있었다. 중요한 것은 누가 먼저 자연의 신비를 눈치채고 그것을 실생활에 응용하려 했느냐 하는 것이다.

이미 바다에 사는 수많은 생물들은 바닷속에서 살아남기 위해 저마다 최고의 생존 기술로 무장하고 있다. 이것이 지금이라도 우리가 바다의 신비에 눈을 돌려야 하는 이유다.

## 신비의 물질, 나노소재

'나노'란 말은 난쟁이를 의미하는 그리스어 '나노스'에서 유래한 '아주 작은'이라는 의미이다. 10억분의 1을 의미하는 나노는 새로운 물질로서 21세기 신기술의 대명사다. 특히 단순히 작기만 하지 않고 어떤 능력이 있는 기능성 나노소재는 떠오르는 블루오션이다.

기능성소재는 탄소, 금속, 산화물, 다공성물질로 나뉜다. 예를 들어 세탁기나 의류에 은나노입자를 코팅하면 은나노입자가 가지는 특성 때문에 균들이 자라지 못하는 항균의류, 항균세탁기가 된다. 또한 종이를 나노금속으로 코팅하면 금속 특유의 광택으로 종이는 반짝이는 광택을 가진다. 만약 지폐에 여러 색을 가진 나노금속으로 인쇄를 한다면 아주 정교한 위조방지 화폐를 만들 수도 있다.

최근 탄소나노튜브가 가진 놀라운 특성을 이용한 여러 기술도 나오고 있다. 예를 들어 이 튜브 안에 약물을 넣게 되면 튜브 자체를 신체의 원하는 부위에 전달하게 되어 약물 전달 기술을 한 단계 업그레이드시킬 수 있다. 또한 자동차의 타이어도 진화화고 있다. 예전의 타이어는 고무 위주로 만들어졌지만 여기에 아주 작은 탄소알갱이를 혼합하면 훨씬 더 성능이 뛰어난 타이어가 탄생한다.

15

흡혈종결자 거머리, 수술실에서 사람을 살리다

# 거머리기계

아이가 손가락 끝 부분이 잘리는 사고를 당해 병원 응급실로 실려간 적이 있다. 발 빠르게 대처한 덕분에 다행히 손가락 접합 수술은 무사히 끝났다. 그러나 의료진의 부주의로 접합 부위에 형성된 혈관이 눌리면서 그 부분이 까맣게 변하는 사고가 발생했다. 상처 부위 사이에 혈관이 형성될 수 있도록 피가 잘 흐르게 해야 하는데, 그만 그곳의 혈관을 눌러버린 것이다.

지금의 의료 기술로는 그런 실수를 만회할 방법이 없다. 만약 접합시킨 손가락 부위에 있는 혈전을 제거하면서 피가 멈추지 않고 계속 흐르도록 유지할 수 있는 기술만 있었다면 그런 상황에서도 아이의 살점은 죽지 않고 살릴 수 있었을 것이다.

그런데 최근 들어 거머리의 흡혈 능력을 성형수술 후의 상처 부위에 이용하는 연구가 진행되고 있다. 거머리가 수술 상처 부위에 달라붙어 피를 빨면서 상처를 회복시키는 데 도움을 주는 것이다. 좀 더 일찍 거머리에 대한 연구가 진행되었더라면 아이의 손가락은 완전해질 수 있었을 텐데, 아쉬움이 많이 남는 사건이었다.

## 환자를 살리는 거머리의 침

거머리는 피를 빨기 위한 최적의 기능을 갖고 있다. 흡혈을 하는 동물들은 공통적으로 모두 이런 기능을 갖고 있지만 거머리에게는 특히 이런 물질이 침에 많이 들어 있다.

거머리가 사람의 피를 빨면 사람의 혈관은 거머리의 이빨로 인해 상처를 입고 출혈이 일어난다. 그리고 혈관이 파괴되면서 혈관 안에 있던 혈소판이 파괴되고 혈소판 속의 효소인 트롬보키나아제가 분출된다. 이 물질은 혈액 속의 칼슘이온과 결합해 프로트롬빈을 트롬빈으로 전환시킨다. 본격적으로 혈액 응고를 준비하는 것이다.

이때 이 트롬빈은 피브리노겐이라는 물질을 피브린으로 고분자화해 구멍 난 혈관에 망을 쳐서 혈액 속의 적혈구, 백혈구, 혈소판으로 그곳을 막는다. 혈전(생물체의 혈관 속에서 피가 굳어서 된 조그마한 핏덩이)을 형성하기 위해서다. 그렇게 되면 피가 엉겨 붙으면서 지혈이 되는데 여기까지 걸리는 시간은 약 10~15초다.

그런데 거머리의 입장에서는 이 응고 작용이 흡혈하는 데에 큰 방해가 된다. 피가 엉기지 않고 계속 흘러야만 피를 빨아 먹을 수 있기 때문이다. 그래서 거머리는 혈관 부위에 혈액 응고를 방지하는 히루딘(Hirudin)이라는 단백질을 내보낸다. 이 물질은 직접 트롬빈에 달라붙는데 그 효과가 매우 강하다.

히루딘은 65개의 아미노산으로 구성된 가장 효과적인 항응고제로 기존의 항응고제인 헤파린보다도 심장병 치료 효율이 30%나 높은 것으로 알려져 있다. 특히 헤파린에 부작용을 일으키는 환자에게는 도움이 많이 된다.

## 의료계에서 빛을 본 거머리

어릴 적 논을 돌보는 내내 수시로 종아리를 쳐다보면서 거머리가 달라붙진 않았나 하고 살피던 적이 있었다. 그러다가 어느 순간 종아리를 보면 언제 붙었는지도 모르게 거머리가 피를 쭉쭉 빨아 먹고 있었다. 한번 달라붙은 거머리는 떼어내기도 무척 힘들어 흙으로 박박 문질러야 할 정도였다.

더욱 공포스러운 것은 거머리를 떼어내도 피가 멈추지 않는다는 것이다. 보통의 경우 상처 부위를 쓰윽 문지르면 얼마 가지 않아 딱지가 앉는데 거머리가 피를 빨아 먹은 자리는 피가 엉기지 않는다. 나중에야 그것이 거머리의 침 속에 들어 있는 혈액응고방지제 때문이라는 것을 알게 되었다. 거머리의 침 속에 있는 물질 중, 현재 제품으로 나와 있는 것은 혈액응고방지제인 히루딘이다.

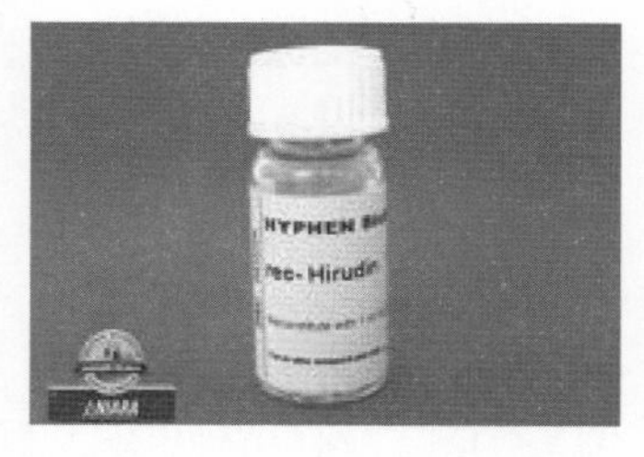

거머리에서 생산된 혈액응고방지제인 히루딘. 의료용으로 개발된 재조합 히루딘은 효모에서 생산되며 거머리의 뛰어난 혈전 방지 기능을 모방한 제품이다.

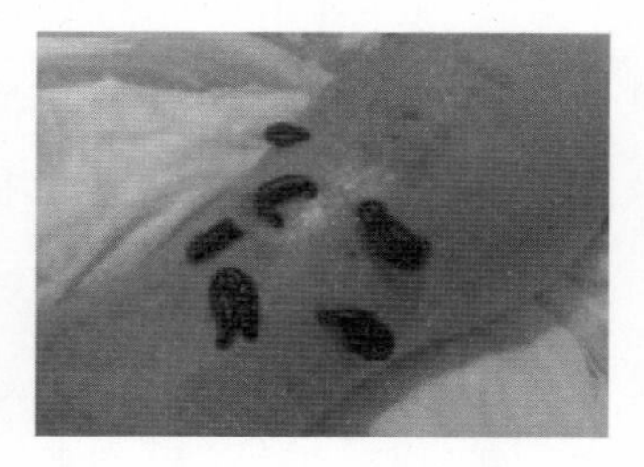
의료용 거머리. 상처 부위 중 부은 곳의 피를 빨아내는 데 유용하다.

미관적인 문제와 위생적인 문제만 해결된다면 사실 거머리만큼 완벽한 흡혈동물도 없다. 여러 가지 물질로 접합부 사이의 혈전 등을 제거하고 피가 잘 흐르도록 하면서도 아프지 않게 하니 수술 후 처리에는 그야말로 안성맞춤인 것이다.

실제로 최근에는 성형수술 후 접합 부위에 피가 굳지 않고 흘러 조직이 잘 살아날 수 있도록 거머리를 사용하는 경우도 있다고 한다. 물론 여기에는 혹시나 있을지 모를 병원성 미생물 등이 완벽하게 제거된 거머리만 사용될 수 있다.

하지만 아무리 그래도 거머리를 상처 부위에 투입하는 것은 쉬운 일이 아니다. 그러므로 거머리 혈액 속의 여러 가지 성분을 최대한 모방해서 위생적으로도 안전한 거머리 기계를 수술 접합부에 사용하는 것이 나을 것이다.

실제로 미국 버지니아공대에서는 거머리의 기능을 모방해 혈액응고방지제가 상처 부위에 흐르면서 수술 접합부 사이에 피가 잘 흐르도록 한 '거머리 기계'를 특허내기도 했다.

## 알려지지 않은 거머리의 다양한 흡혈 능력

흡혈에 필요한 모든 요소를 갖고 있는 거머리는 흡혈동물의 최고봉이라고 할 수 있다. 거머리의 침 속에 들어 있는 흡혈 보조 기능들을 보면 소름이 끼칠 정도로 완벽하다.

혈액응고방지제는 거머리가 흡혈을 하는 동안 피가 엉기지 않게 하고, 조직 침투제는 거머리가 혈관에 더욱 쉽게 접근할 수 있도록 피부의 조직을 녹인다. 마취제는 상대방이 피를 빠는 것을 눈치채지 못하도록 한다. 모세혈관 확장제는 말 그대로 모세혈관을 확장시켜 피를 더 많이 빨 수 있도록 돕는다. 동맥경련 완화제는 경련 때문에 혈관이

흔들리면 피를 빨기가 곤란하므로 경련을 완화시키는 역할을 한다.

이렇듯 거머리의 침 속에 있는 모든 물질은 거머리가 피를 빨아먹기에 최적화되어 있다. 상대에게 조용히 접근해서 혈관에 침을 박고 혈관을 확장시킨 상태에서 쉬지 않고 피를 빨아도 모르도록 하는 거머리는 그야말로 지상에 존재하는 흡혈동물 중 최고로 발달된 녀석이 아닐까 싶다.

사람들은 거머리가 달라붙으면 징그럽다고 떼어내기에 급급하지만 자세히 살펴보면 거머리만큼 고마운 동물도 없다. 매년 심장병으로 쓰러지는 사람이 늘어나고 있는데, 이들을 죽음의 문턱에서 살려준 공신 중의 하나가 바로 거머리의 혈전을 녹이는 능력이기 때문이다.

좀 더 일찍 이들이 갖고 있는 흡혈 능력에 눈을 돌렸다면 심장병에 걸린 사람을 더 많이 구할 수 있지 않았을까? 하지만 왜 이제야 그런 뛰어난 흡혈 능력을 보여준 거냐고 거머리를 원망할 수는 없다. 거머리의 이런 흡혈 능력은 이미 3,000년 전부터 약용 거머리를 사용했다는 기록이 남아 있을 정도로 유용하게 사용되어왔기 때문이다.

우리는 여기에서 또 하나의 지혜를 얻을 수 있다. 우리가 자연에서 익히 보아온 생물들이 어떤 방식으로 사용되어왔는지 역사적 기록을 살펴보는 것도 그들의 새로운 능력을 발견할 수 있는 현명한 방법이라는 것을 말이다.

### 약용 거머리

거머리의 한 종류로 의료용으로 쓰일 수 있다. 이 거머리는 60종의 단백질을 침에서 분비하는데 이 중에는 우리가 아직 용도를 모르는 물질 등이 함유되어 있다. 고대에는 인체 내 액체의 발란스를 유지하는 것이 건강을 유지한다고 해서 혈액이 많은 경우 이를 줄이는 방법으로 거머리를 사용했다. 칼로 베지 않고도 안전하게 피를 뽑아낼 수 있으니 말이다.

현대에서 약용거머리는 손가락, 눈꺼풀, 귀 수술 등에 사용된다. 이런 곳의 수술은 현미경을 보면서 혈관이나 신경을 연결하는 일이 중요하다. 이때 피가 굳으면 곤란하기 때문에 혈액응고방지제를 같이 공급한다. 그러면서 흘러나오는 피를 제거해야 하는 데 이 일을 하는 것이 거머리의 원래 전공이다. 즉 피를 마시면서 굳지 않게 하는 일이다.

약용거머리는 아직 정식 허가가 나지는 않았다. 거머리 자체의 위생이나 일반인들이 가지는 혐오감 때문이다. 이런 능력을 모방해서 항응고제나 혈관생성촉진제, 그리고 흘러내린 피 등을 제거하는 모방기계를 개발 중에 있다.

16

# 딱정벌레, 사막의 작은 물탱크
# 휴대용 물수건

가족들과 함께 지리산 종주를 떠난 적이 있다. 초등학생이 포함된 등산 초보 가족들에게 40킬로미터의 대장정은 아무리 능선 길을 걷는 산행이라 해도 험난한 여정이었다. 하지만 새벽녘, 담요를 뒤집어쓰고 천왕봉의 웅장한 산 사이로 떠오르는 태양을 바라본 기억은 여정의 고단함을 잊게 할 만큼 거대한 장관이었다.
문득 종주를 떠나기 전 배낭을 꾸리면서, 배낭의 무게를 줄이기 위해 챙겨가야 할 물건들과 그렇지 않은 물건들 사이에서 고민했던 기억이 다시금 떠올랐다. 왜냐하면 그때 가방의 무게를 줄이기 위해 눈물을 머금고 카메라를 뺐기 때문이다.
등산을 할 때 가장 중요한 것은 먹고 자는 일이다. 중간 중간에 산장이 있다고는 하지만 필수 품목인 쌀, 옷가지, 비옷 등을 주섬주섬 챙기다보니 배낭은 점점 무거워지기만 했다. 그래서 마지막엔 카메라와 생수 사이에서 갈등을 했다.
중간 중간 능선 길을 벗어난 지역에 약수터가 있다고는 했지만 지리산 종주를 가기로 한 날은 8월 한여름이었다. 훗날 이 일을 추억하기 위해서는 카메라를 챙겼어야 마땅했지만 물은 없어서는 안 될 필수품이었다. 결국 사진 한 장 남기지 못한 지리산 종주 여행은 지금도 머릿속에 남아있다. 하지만 또다시 종주를 한다고 해도 결국 배낭에 들어가야 할 첫째 품목으로 물을 선택할 것은 분명하다. 물은 인간 생존에 없어서는 안 될 중요한 것이기 때문이다.

## 생존의 필수품, 물

물을 마시지 않고 극한의 상황에서 사람은 얼마나 견딜 수 있을까? 1995년 대형 참사를 불러왔던 상품백화점 붕괴 사고 당시 16일간 물을 먹지 않고 살아남은 소녀가 기적적으로 구조된 바 있다. 당시 소녀 주위에는 물통이 넘어져 있었다. 이를 두고 소녀가 건물 잔해에 갇혀 있긴 했으나 습기가 충분히 공급되었기 때문에 생존이 가능할 수 있었다는 분석이 나왔다.

보통의 상황에서 인간은 하루 정도 물 없이 지내면 고통을 느끼고 3일이 지나면 정신이 혼미해진다. 성인이 소변이나 땀으로 배출되는 수분을 보충하기 위해서는 하루 2.5리터의 물이 필요하다고 한다. 인체의 2/3가 물로 채워져 있으니 60kg 성인 기준으로 하면 40kg이 물인 셈이다. 때문에 신선한 물이 공급되지 않으면 인체 내 물에 있는 이온 및 노폐물의 농도는 점점 높아진다. 그렇게 되면 물과 함께 살고 있는 세포들이 점점 탁해지는 물 때문에 스트레스를 받게 된다. 이른바 삼투압이 높아지는 결과가 되는 것이다.

배추를 소금물에 담가놓으면 수분이 빠지면서 시들시들하게 절여지듯, 인간의 세포도 물속의 노폐물 농도가 높아지면 시들시들해지고 만다. 오히려 배추보다도 인간의 몸이 훨씬 더 예민하게 반응한다. 체내에 10%만 수분이 줄어도, 즉 이틀만 물을 못 먹어도 의식이 흐려지는 건 당연한 결과인 셈이다. 더욱이 뇌는 수분 함량이 무려 85%나 된다고 하니 신체 기관 중에서 수분 변화에 가장 큰 직격탄을 맞게 된다. 따라서 수분 부족으로 소변의 색이 탁해지는 것을 느꼈다면 물을 충분히 먹어서 다시 맑아지도록 만들어야 한다.

외부의 기온이 높고 습도가 낮은 사막에서는 수분의 증발 속도가 훨씬 더 빠르다. 체온보다 높은 40도 기온에서는 시간당 1리터의 물이 증발한다. 따라서 하루만 지나도 몸 속의 수분 절반이 날아가버리게 되는 것이다. 이 정도면 생명이 위독해질 수도 있다.

사막은 물이 부족하다. 우리나라 평균 강수량이 1,245mm인데 사막의 경우는 250mm 미만이다. 문제는 이 물이 금방 증발되어 버린다는 데 있다. 낮의 기온이 40~45도를 오르는 곳에서 물이 남아 있기를 기대할 수는 없을 것이다. 또한 물이 열을 보관해서 기온이 크게 변하는 것을 막는 역할을 하는데, 사막에는 이런 기능이 없기 때문에 새벽에는 기온이 0도까지 급격히 떨어진다. 낮과 밤의 기온 차가 극심한 것은 이 때문이다.

## 새벽 안개에서 물을 얻는 딱정벌레

혹독한 사막의 기후에도 생물은 잘 적응하며 살아가고 있다. 대표적인 동물로는 낙타가 있다. 우리가 알다시피 낙타는 며칠간 물을 먹지 않아도 지치지 않고 사막을 횡단한다. 한 번 물을 먹을 때 몸 안에 80리터의 물을 채운다고 하니 이 정도면 열흘 정도는 거뜬히 버틸 수 있는 것이다(80리터면 웬만한 중형차의 연료통보다 크다).

낙타는 또한 물을 찾는 능력이 탁월하다. 낙타만 있으면 사막에서 목말라 죽을 염려는 없다는 말이 괜히 나온 것은 아니다. 사람도 낙타처럼 몸에 그런 저장 능력이 있다면 좋겠지만 불행히도 그런 기능은

없다. 더구나 수시로 화장실에 가야 하고, 자주자주 물을 마셔주어야 한다.

사막에는 선인장이 있다. 선인장은 기회가 있을 때마다 물을 저장해놓는다. 선인장 속에는 물을 잘 붙들어놓을 수 있는 물질이 있다. '트리할로스'라는 당인데, 이는 물을 함유하는 능력이 좋아 화장품의 보습 성분으로도 사용되고 있다. 또한 선인장의 잎이 가시로 변화하면서 물의 증발량을 줄일 수 있게 진화했다. 이런 이유로 선인장은 물을 주지 않아도 오래 산다. 게다가 꽃의 생명력도 강하다. 한 번 꽃이 핀 선인장은 족히 한 달은 그 상태를 유지할 수 있다.

그런데 이런 낙타나 선인장보다도 한 수 위인 녀석이 있다. 다름 아닌 딱정벌레다. 딱딱한 등을 갑옷처럼 입고 다니는 딱정벌레를 발견한 곳은 다름 아닌 새벽의 사막. 모래톱 끝에서 새벽의 서늘한 바람을

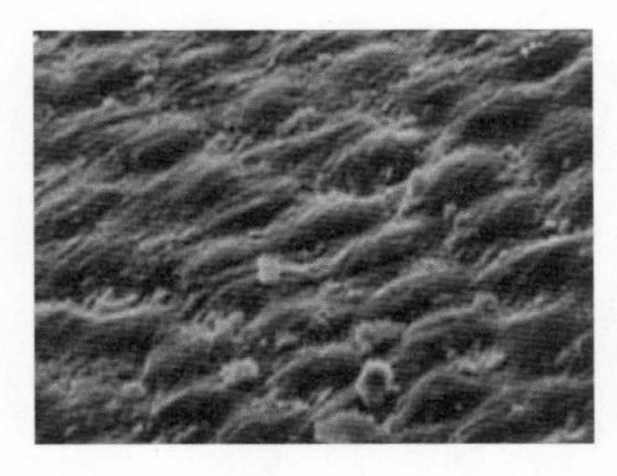

딱정벌레의 등을 확대한 모습. 수많은 돌기들을 관찰할 수 있다.

돌기에 물 분자가 모여서 물방울이 되면 고랑을 타고 입으로 흘러들어간다.

마주한 채 엉덩이를 높이 치켜든 모습이 영국 옥스퍼드 대학의 연구진을 사로잡았다. 그들은 〈네이처〉 잡지에 이 작은 동물이 어떻게 아프리카의 나미브 사막에서 살아가는지를 보고했다.

새벽의 사막은 온도가 떨어지면서 공기 중의 수분 농도가 높아진다. 상대 습도가 높아지는 현상인데 이는 안개 형태로 발견된다.

물론 공기 중에는 늘 습기가 있다. 비가 오는 날은 축축한 습기 때문에 빨래가 잘 마르지 않는다. 습기의 정체는 물 분자이다. 만약 이 습기를 모을 수 있다면, 그리고 그것이 물방울이 될 수 있다면 인간은 안개에서 물을 얻어 살 수 있게 될지도 모른다.

아프리카 나미브 사막에 살고 있는 스테노카라라는 이름의 딱정벌레 역시 목이 마를 것이다. 그들 역시 인간처럼 물이 목으로 들어와야 살 수 있는 것이다. 이 딱정벌레가 물을 마시는 비법은 바로 등에 있다. 등에는 1mm 간격으로 0.5mm의 돌기가 촘촘히 튀어나와 있는데,

이 작은 돌기에 공기 중의 습기가 달라붙는다. 말하자면, 공기 중에 있는 물 분자가 물과 친한 물질인 이 돌기에 달라붙는 것이다. 이 돌기에 물 분자가 하나하나 달라붙으면서 이것이 물방울 형태가 된다.

또 하나의 비결은 돌기의 바닥이다. 이 바닥은 왁스 재질로 덮여 있다. 물과 친하지 않은 왁스 바닥에 친수성 돌기가 있기 때문에 그 위에 물방울이 매달리는 것이다. 그리고 이 물방울이 점점 더 많아지다가 떨어지면 바닥 위를 동글동글 구르게 된다. 이 바닥에는 물이 흐를 수 있는 고랑이 나 있는데, 딱정벌레는 물방울이 굴러 내려와 입에 닿을 수 있도록 엉덩이만 높이 치켜들고 있으면 된다. 사막에서 새벽에 딱정벌레가 이렇게 우아한 자세로 서 있는 것은 하늘이라는 우물에서 물을 건져 마시기 위한 생존 방식인 것이다.

## 딱정벌레의 등에 숨어 있는 신비한 돌기

MIT 교수들은 딱정벌레의 신체 구조에서 힌트를 얻었다. 피뢰침 같은 돌기에 물 분자가 하나둘 달라붙고 이것이 무거워지면 바닥으로 흘러내리게 된다. 그리고 그 물방울이 물에 젖지 않은 왁스 재질로 된 바닥의 골을 따라 조르르 흘러가 딱정벌레의 입까지 닿게 하는 신체 구조를 모방해 그것의 등을 닮은 판을 만들어낸 것이다.

고분자 물질로 만들어진 이 판은 물이 극히 잘 달라붙는 돌기와 물이 전혀 묻지 않는 고랑으로 구성되어 있다. 이때 물이 잘 붙지 않는 면을 '소수성', 잘 붙는 부분을 '친수성'이라 부른다. 어떤 물질이 얼마나 물과 친한지 그렇지 않은지를 보는 방법은 그 표면에 물방울을 놓고 얼마나 동그랗게 서 있는가를 보면 된다(연꽃잎 위의 물방울이 동그랗게 모여 있는 것은 연꽃잎이 지극한 소수성이기 때문이다. 이에 비해 나무판 위에 물방울을 놓으면 좀 더 납작하게 된다. 물방울과 바닥이 만나는 각도, 소위 접촉각을 측정하면 바닥의 친수성, 소수성 여부를 측정할 수 있다).

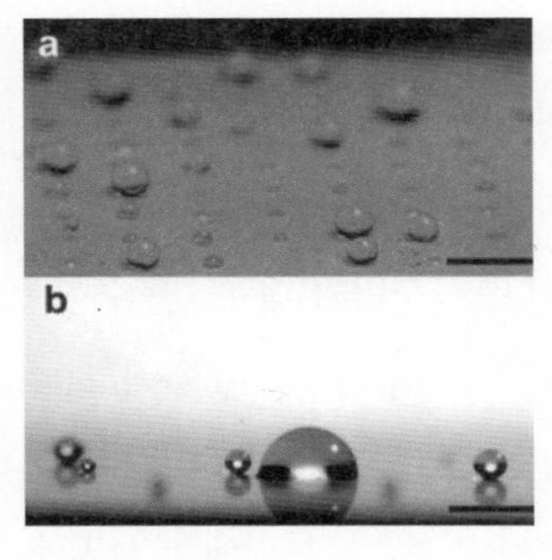

초소수성 표면 바닥의 친수성 돌기(a). 돌기에 모였던 물 분자가 모여서 물방울이 되었다(b).

MIT 연구팀들은 소수성을 최대한 올리기 위해 여러 물질을 테스트했다. 그중 소수성이 높았던 재료들을 이번에는 층층이 쌓아올리는 방법을 시도했다. 시도는 성공적이었다. 초소수성 물질 위의 물방울은 거의 원형에 가까웠다. 거의 곧추서다시피한 것이다. 접촉각이 무려 170도를 넘어섰다. 바닥을 초소수성으로 만든 후 거기에 친수성 돌기를 만드는 일은 좀 더 쉬웠다. 바닥에 점 형태로 떨어뜨리면 간단히 해결된다. 이렇게 만든 판 위에 안개를 만들자 물방울이 형성되는 것이 관측되었다.

이제는 이 원리를 유용하게 활용할 수 있는 형태로 만드는 일이 남아 있다. 실제로 활용도가 높은 것은 손수건이나 비닐 조각에 아예 이런 딱정벌레의 돌기 모양을 적용하는 것이 아닐까 싶다. 들고 다니기도 편하고 접기도 용이하니 휴대하기에 안성맞춤이다. 만약 이 손수건이 개발된다면 사막을 다니는 여행자들에게 필수품이 될 것이다.

산 능선에 설치하여 안개에서 물 모으는 장치.

이렇게 딱정벌레가 물방울을 모으는 방법을 모방하여 만든 물건의 활용도는 무궁무진하다. 습기가 있는 지역에서는 어느 곳이든 설치만 하면 물방울을 모을 수 있는데, 안개가 있는 산 능선에 설치하는 경우도 있다.

이제 다시 한 번 지리산 종주 계획을 세워도 좋을 것 같다. 지금도 여전히 약수터는 능선 길에서 한참 아래에 있어 물을 가지러 가야 하는 수고로움이 있다. 하지만 예전처럼 배낭의 대부분을 물로 채울 필요는 없게 될지도 모른다. 그 대신 손수건 크기의 '휴대용 물수건'을 손목이나 목에 묶어서 가져가면 어떨까?

그렇게 된다면 우리는 아프리카 나미브 사막의 딱정벌레처럼 엉덩이를 하늘로 치켜들고 물을 기다릴 필요는 없을 것이다. 대신 지리산 천왕봉이 보이는 나뭇가지에 천을 걸어놓고 근처에서 해돋이를 보고 있기만 하면 된다. 새벽의 붉은 해가 산을 넘어설 때쯤 그 천에는 물 한 줌이 약수처럼 모여 있을 테니까.

17

# 개미가 발견한 당뇨, 도마뱀이 고친다
# 고성능 인슐린

조선시대 최고의 태평성대를 이룩한 세종대왕은 35세에 이미 눈이 잘 안 보이는 전형적인 당뇨 증세를 앓았다고 한다. 독창적인 문자로 칭송받고 있는 한글 창제와 세계 최초의 우량계인 측우기를 만드는 등 백성을 돌보는 데만 신경을 쓰느라 정작 본인의 몸은 신경을 쓸 틈이 없었던 것이다. 게다가 육류를 즐기고 좋아하는 음식만 먹는 편식 습관 때문에 전형적인 비만 체형이었다고 알려져 있는 세종대왕은 평생 동안 다이어트를 통해 건강을 유지하려 애썼다고 한다.
일명 '소갈병'이라고 불렸던 당뇨병을 진단하는 현장 진단법 중에는 소변을 보고 난 후 개미가 소변에 모여드는지 그렇지 않은지를 두고 보는 것이 있었다. 소변에 당이 많을수록 개미가 많이 모여들기 때문이다. 이런 진단법이 알려질 정도로 당뇨는 옛날부터 사람들을 괴롭혀온 고질병 중의 하나였다.

## 침묵의 살인자, 당뇨병

당뇨병 환자는 길을 가는 성인 10명 중에 1.5명꼴로 발생한다고 한다. 흔한 질병이라고 알려져 있지만 당뇨처럼 무서운 병도 없다. 오죽하면 '침묵의 살인자'라는 별명이 붙었을까? 큰 증상 없이 시작되지만 조금씩 조금씩 인체의 모든 장기를 못 쓰게 만드는 병이라 하여 붙여진 것이다.

당뇨가 무서운 것은 다른 장기에 영향력을 미치는 합병증 증세 때문이다. 합병증의 원인은 간단하다. 혈관에 당이 많아지면 혈액이 끈끈해진다. 혈액이 잘 흐르지 않게 되면 어떻게 될까? 당연히 몸 구석구석을 흐르는 모세혈관에 서서히 피가 안 돌게 되면서 주위의 조직들과 장기들이 하나씩 죽어간다.

당뇨병에 걸리면 땀이 많아지고(다한), 갈증이 많이 생기고(다갈), 많이 먹고(다식), 많이 배출하고(다뇨) 그리고 많이 마시게 된다(다음). 이를 당뇨병과 함께 생기는 '5다(多) 증상'이라고 한다.

당뇨병(Diabetes)의 어원은 '사이펀(Siphon, 그릇에서 물을 흘러내리게 하는 관)'에서 나왔다. 즉, 몸에 있는 물을 빼내어서 바싹 마르게 한다는 의미이다. BC1,500년경에 쓰인 문헌에도 당뇨 증세를 앓았던 이야기가 적혀 있다고 하니 당뇨는 인류의 역사와 함께해온, 인류와 아주 밀접한 관계가 있는 병임에 틀림없다.

## 마른 당뇨, 살찐 당뇨

당뇨에는 두 가지의 형태가 있다.

어린 시기부터 병이 생기는 것이 1형 당뇨로 대부분 몸이 마른 경우가 이에 해당한다. 이 당뇨는 혈관 속의 당 흡수를 조절하는 호르몬인 인슐린이 나오지 않아서 발생한다. 선천적으로 인슐린을 만드는 췌장세포가 파괴된 경우이다. 췌장세포가 파괴되는 이유는 항체가 췌장세포를 외부에서 들어온 침입자로 잘못 알아차려서 파괴해버리는 소위

'자가면역질환'인 경우가 많다.

1형 당뇨의 경우는 인슐린이 부족해 혈관 속의 당이 근처의 세포로 들어가지 못한다. 그렇게 되면 몸에 에너지원이 공급되지 않게 되고 밥을 먹어도 세포는 살이 찌지 않는 것이다. 먹어도 살로 가지 않고 몸 밖으로 배출되다 보니 몸은 마르게 된다. 이 경우는 외부에서 인슐린을 공급하여 치료한다. 물론 적정량을 유지하도록 늘 주사를 맞아야 하는 번거로움이 있다.

당뇨 환자의 90%를 차지하는 것은 2형 당뇨이다. 췌장세포에서 인슐린을 만들지만 인슐린이 제 역할을 하지 못해 당을 흡수하지 못하는 것이다. 이에 대해서는 여러 이유가 밝혀졌지만 지방을 만드는 세포가 당의 흡수를 방해한다는 이론이 우세하다. 따라서 2형 당뇨를 앓는 사람들은 몸에 지방세포가 많은, 즉 뚱뚱한 사람인 경우가 많다.

이렇듯 비만과 당뇨는 바늘과 실처럼 불가분의 관계라고 할 수 있다. 따라서 비만인 사람이 당뇨병을 앓는 것은 사실상 시간문제라고 보면 된다. 게다가 비만인 사람은 고혈압이 되기 쉽다. 이렇게 되면 비만, 고혈압, 당뇨의 3박자를 갖춘 성인병이라는 만성질환의 질곡으로 떨어지게 되는 것이다.

그뿐만이 아니다. 고혈압은 선천성인 경우 60%가 비만한 몸에서 발생한다. 우리 몸에는 지구와 달 사이의 1/4 거리인 90,000km의 혈관이 있다. 만약 몸무게가 1kg 늘어나면 혈관은 3km가 늘어난다. 따라서 그만한 혈관에 피를 돌리려면 당연히 높은 압력이 필요해지기 때문에 고혈압이 될 수밖에 없는 것이다.

결국 살을 빼면 이러한 문제는 한꺼번에 풀린다. 의사들이 비만의 위험성을 경고하는 것은 이 때문이다.

## 당뇨를 극복하기 위한 다양한 노력

천천히, 그러나 완벽하게 몸을 망치는 당뇨를 고치는 방법은 무엇일까? 물론 치료 방법은 원인, 즉 당의 섭취에 필요한 호르몬인 인슐린을 못 만드는 1형인가, 아니면 인슐린이 있어도 말을 안 듣는 2형인가에 따라 다르다.

인슐린을 만들지 못하는 1형의 경우, 외부에서 주사 등으로 공급한다. 예전에는 인슐린을 동물, 즉 양과 돼지 등의 췌장에서 만들었다. 그 후 유전 공학의 발달로 이제는 사람의 인슐린 유전자를 박테리아에서 만들고 있다. 덕분에 돼지 인슐린을 사용하면서 생기는 부작용을 없앨 수 있게 되었고, 이에 따라 생산량도 크게 확대되었다.

물론 주사를 매번 맞는 일은 당뇨병 환자에게는 괴로운 일이다. 때문에 주사를 맞는 대신 패치를 피부에 붙여 인슐린이 스며들어가도록 하는 새로운 방법을 사용하기도 한다. 이 패치는 운동 후 팔다리에 붙이는 파스의 원리와 같다.

좀 더 정교하게 인슐린을 공급하기 위해서 아예 인공 인슐린 자동 펌프를 사용하기도 한다. 요즘은 혈액 내의 인슐린 양을 자동 센서로 측정하여 필요한 만큼의 인슐린을 피부에 붙이는 패드로 공급한다. 따라서 매일 한 번씩 주사를 맞을 때보다 훨씬 더 정확하게 혈액 내의 인슐린 양을 조절할 수 있다.

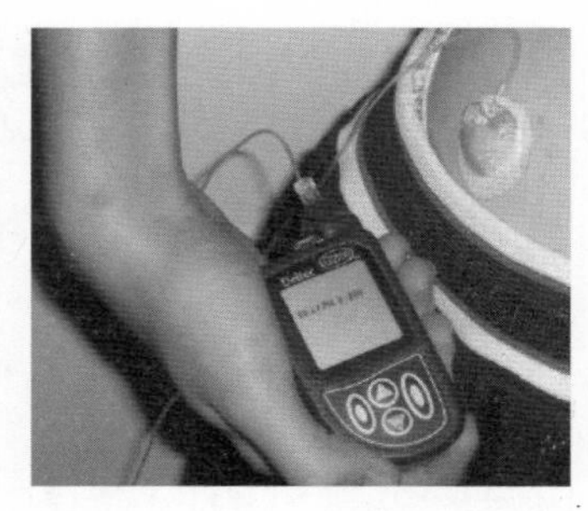
인슐린 자동 펌프. 패치를 통해 체내에 필요한 인슐린의 양이 조절되어 흡수된다.

주사나 펌프로 공급하는 것보다 좀 더 완전한 방법은 고장난 췌장세포를 고치는 일이다. 물론 자연의 상태에서 고치면 좋겠지만 현재는 부품을 교체하듯 췌장을 몸 밖에서 만들어 집어넣어야 한다. 이른바 재생 인공 췌장을 사용하는 것이다.

췌장을 만드는 원리는 간단하다. 원래 췌장의 골격과 유사한 골격물질(scaffold), 예를 들어 몸에서 분해되는 성질의 플라스틱에 췌장세포를 키워서 이 세포가 어느 정도 자라면 몸에 집어넣는 것이다. 그러면 플라스틱은 서서히 분해되고 췌장세포는 골격을 이루면서 췌장이 된다.

이때 가장 좋은 방법은 본인의 췌장세포를 사용하는 것이다. 다른 사람의 췌장세포를 사용하게 될 경우 발생할 수 있는 면역거부반응을 막기 위해 췌장세포를 막으로 둘러싸는 방법을 사용하기도 한다. 때문에 본인의 줄기세포를 췌장세포로 변환시켜 사용하는 연구도 한창 진행 중에 있다.

## 인슐린을 조절하는 도마뱀의 침

인슐린을 외부에서 공급하거나 아예 췌장을 새로운 세포로 재생하는 방법은 1형 당뇨, 즉 인체가 인슐린을 못 만드는 경우에 쓸 수 있다.

문제는 인슐린이 있어도 당을 흡수하지 못하는 2형 당뇨의 경우이다. 주로 뚱뚱한 비만 환자에게 나타나는 이 당뇨는 뚱뚱한 사람이 가지고 있는 비만세포에서 나오는 어떤 물질로 인해 인슐린이 세포 내에서 제대로 작용하지 못해 당이 흡수되는 것을 방해하기 때문에 발생한다. 결국 세포는 인슐린 저항성을 가지게 되어서 좀 더 많은 인슐린을 만들어내야 하는데, 장기간 이런 일이 발생하다 보면 췌장도 지치기 때문에 혈관의 당 수치가 높아지게 된다. 이런 이유로 2형 당뇨가 시작되는 것이다.

그런데 골치 아픈 2형 당뇨를 치료하는 데에 도마뱀이 뜻밖의 도움을 주고 있다. 도마뱀과의 한 종류인 길라몬스터는 크기가 60cm 정도로 도마뱀 중에서는 유일하게 독을 갖고 있다. 길라몬스터는 식성이 고약하기로 유명하다. 즉 몇 개월에 한 번씩 음식을 폭식하는데도 소화 기능에 전혀 문제가 없다.

길라몬스터 도마뱀의 침 속에는 인슐린을 조절하는 물질이 들어 있다.

또한 오랫동안 식사를 하지 않아 체내에 당이 들어오지 않게 될 경우, 췌장의 인슐린 생산 세포는 문을 닫고 휴점 상태로 돌입하게 된다.

하지만 음식의 당이 들어오게 되면 재빨리 인슐린 생산 세포에 신호를 보내 인슐린을 생산해내는 능력이 뛰어나다.

2형 당뇨의 경우 췌장 내의 중요한 세포인 베타세포가 제대로 작동을 못하면서 발생하는데, 이 도마뱀은 이런 핵심적인 원인을 치료하는 탁월한 능력을 갖고 있는 것이다.

이는 도마뱀의 침 속에 들어 있는 '엑세딘4'라는 물질 덕분이다. 이 물질은 인슐린 생산 능력 이외에도 뱃속이 비어 있다는 것을 늦게 감지하도록 하는 역할을 한다(사람은 뱃속이 비어 있다는 사실을 알게 되면 끊임없이 먹으려고 하기 때문에 결국 살이 찌게 된다).

엑세딘4는 식욕을 낮추는 효과 덕분에 비만 치료제로도 우수하다고 정평이 나 있다. 이는 비만, 당뇨를 모두 가진 2형 당뇨를 치료하는 데 큰 효과를 보인다. 인슐린이 있어도 말을 잘 안 듣는, 즉 치료가 쉽지 않은 2형 당뇨의 치료법에 도마뱀이 다양하게 도움을 주고 있는 것이다.

척박한 야생에서 생존하여 살아가고 있는 동물들이 사람들보다 한 수 위의 능력을 가지고 있다는 사실을 깨달을 때마다 놀라움을 금할 수 없다. 하지만 이러한 뛰어난 물질과 새로운 기술의 개발로 당뇨 치료법이 한 단계 더 발전했다고 해서 당뇨가 모두 정복되었다고 생각하는 것은 곤란하다. 아직까지는 당뇨의 복잡한 발병 과정을 이해하고 완전히 치유하는 데 얼마나 많은 시간이 걸릴지 아무도 모르기 때문이다.

이는 아마도 사람들이 식욕을 완전히 정복해서 식탁에서 벗어날 때 가능한 일일 것이다. 하지만 사람의 가장 중요한 본능인 식욕이 과연 이성으로 조절될 수 있을지는 의문이다.

**tip**

'엑세딘4'란?

엑세딘4는 도마뱀(길라몬스터)에서 발견된 호르몬으로 인체에 존재하는 GLP-1(Glucagon-Like-Peptide 1)과 50% 유사한 구조이다. GLP-1은 췌장의 베타세포를 자극하여 인슐린을 만들게 한다. 즉 밥을 먹고 혈중 당의 농도가 높아지면 인슐린을 만들어서 인슐린이 다른 세포에 당을 공급하도록 하여 우리가 운동을 할 수 있게끔 힘을 내게 한다.
그러나 2형 당뇨의 경우 인슐린이 있어도 혈중 당의 농도가 조절이 안 된다. 췌장세포는 당 농도가 높으면 당연히 인슐린을 만들고 낮으면 만들지 않아야 하는데 2형 당뇨의 경우에는 이러한 조절이 안 되는 것이다. GLP-1은 췌장세포에서 인슐린을 잘 만들게 하기도 하고 조절이 잘 되게 하기도 한다. 이 호르몬은 글루카곤이라는 당을 분해하지 못하게 해서 비만을 억제하기도 한다. 비만과 당뇨를 동시에 치료하는 것이다. 최근에는 이 호르몬의 구조를 모방하여 주사제로 만든 제품인 엑세나티드(exenatide)가 개발되었다.

18

도마뱀의 발바닥에서 나노 테이프를 보다

# 게코테이프

인도네시아의 한 호텔에 묵었을 때 일이다. 외출을 하고 돌아왔더니 호텔방의 벽을 도마뱀이 버젓이 기어 다니고 있는 것이 아닌가. 놀란 나는 곧바로 직원을 불렀다. 하지만 불려온 직원은 별것도 아닌 일로 사람을 부르고 난리냐는 표정을 지었다. 그 일을 계기로 동남아시아에서는 도마뱀이 행운의 상징이라는 사실을 알게 되었다. 이후 필리핀 여행 때 일반 주택가의 담벼락에 그려진 도마뱀을 본 후로 도마뱀에 대한 인식은 더욱 바뀌었다. 우리나라에서 용이 행운과 번영의 상징인 것처럼 동남아시아에서는 도마뱀이 그런 역할을 하고 있었다.

## 동물계의 스파이더맨, 도마뱀

도마뱀은 꼬리가 잘려도, 잘린 꼬리가 다시 재생된다. 게다가 도마뱀이 천장에 수직으로 달라붙어 있다가 날렵하게 움직이는 모습을 한번이라도 본적이 있다면 경탄을 금치 못할 것이다.

게코도마뱀은 도마뱀의 사촌격으로 도마뱀붙이과에 속한다. 도마뱀 중에서 비교적 작은 축에 속하는데 무게는 10그램 정도이다.

그렇다면 도마뱀처럼 벽에 마음대로 붙어 있을 수 있는 것 중에는 무엇이 있을까? 가장 먼저 파리를 떠올릴 수 있다. 파리는 늘 무언가 잘못한 것처럼 발을 비벼댄다(우리가 파리의 손이라고 생각하는 것은 실은 파리의 발이다. 파리는 손이 아닌 6개의 발을 갖고 있다).

파리의 발을 인간의 신체기관에 대입하자면 청각과 후각 기관이라고 할 수 있다. 그러니 깨끗하게 유지되어야만 냄새를 잘 맡고 소리를 잘 들을 수 있다. 또한 붙어 있어야 할 부분에 먼지가 끼어 있을 경우에는 달라붙을 수가 없다. 파리의 다리에는 두 개의 패드가 달려 있는데 이 패드는 수많은 섬모 형태의 구조로 되어 있어서 먼지가 있을 경우 달라붙는 데 용이하지 않기 때문이다.

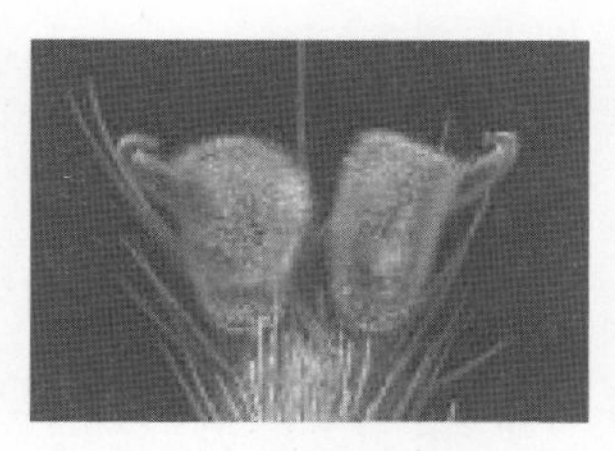
파리의 다리를 확대한 사진. 두개의 패드가 보인다.

수많은 섬모 형태의 구조로 되어 있는 패드를 확대한 모습

그렇다면 파리보다 훨씬 무거운 도마뱀은 어떻게 벽에 자유자재로 붙어 있을 수 있는 것일까?

## 접착의 다양한 형태

우리 주변에 접착제를 필요로 하는 사물은 무수히 많다. 시멘트는 벽돌 사이를 메워 집을 짓는 데 사용되는 주재료이고, 아교는 나무 가구를 붙이는 데 쓰인다. 아이들의 공작 재료로 사용되는 색종이를 붙이는 풀은 또 어떤가. 이처럼 접착제가 사용되는 곳은 무궁무진하다.

'접착(接着)'의 의미는 글자 그대로 인접(接)하여 붙게(着) 하는 것이다. 접착제에는 강한 접착력을 이용해 반영구적으로 달라붙게 하는 순간접착제가 있는가 하면, 포스트잇처럼 약한 접착력을 가진 것도 있다. 파리의 발이 천장에 달라붙거나 도마뱀이 벽을 타고 오르는 것도 모두 약한 접착력의 한 형태이다.

접착력이 강하건 약하건 간에 달라붙는 데는 일정한 힘이 작용한다. 그렇다면 동일한 조건일지라도 접착 물질이 달라질 경우 어떤 상태에서 강한 접착력을 발휘하는지 알아보자. 나무와 나무 사이에 물이 있는 경우, 물이 언 경우, 꿀이 있는 경우, 순간접착제가 있는 경우를 순서대로 비교해보았다.

첫째, 나무 사이에 물이 있으면 달라붙지 않는다. 나무 사이의 틈에 들어간 액체 상태의 물은 유동성이 있기 때문이다. 즉 물 분자 사이에 잡아주는 힘이 약하다. 그러나 이 물이 얼어붙으면 떼기 힘들 정도로 강한 접착력이 생긴다. 물이 얼 경우 물 분자 사이는 움직이기 힘든 격자 구조가 되면서 단단해지기 때문이다. 따라서 나무 틈 사이로 들어가 단단한 얼음이 된 물은 좋은 접착제인 셈이다.

둘째, 나무 두 개를 물로 붙어 있게 하는 것은 어렵지만 만약에 그 틈에 꿀을 바른다면 좀 더 강하게 나무를 붙여놓을 수 있다. 이 경우 꿀 분자 사이에 끈끈하게 서로를 당기는 인력이 작용하기 때문이다. 만약 나무가 틈이 하나도 없을 만큼 유리처럼 반질반질하다면 접촉하는 면이 줄어들어 접착력은 약할 것이다.

마지막으로 순간접착제는 나무 사이로 스며들면서 고분자를 형성한다. 고분자가 형성되었다는 것은 고분자 내에서는 떼어낼 수 없는 강한 공유결합이 되었다는 것이다. 이렇게 접착된 것은 떼기가 힘들다. 순간접착제를 잘못 떨어뜨려 손가락이 붙어본 경험이 있는 사람이라면 그 위력을 실감해본 적이 있을 것이다. 순간접착제는 전쟁터에서 군인들의 상처를 임시적으로 봉합하는 데에 사용될 정도로 강한 접착력을 자랑한다.

## 벽 타기의 비결은 발바닥의 섬모

그렇다면 도마뱀은 무슨 접착제를 사용하는 것일까? 자기 몸의 20배까지 들어 올리는 홍합처럼 특수한 물질을 만들어내는 것일까? 아니면 영화 〈스파이더맨〉의 주인공처럼 거미줄 같은 접착제가 몸의 어딘가에서 나오는 것인가?

도마뱀이 벽에 달라붙는 힘은 이런 종류의 접착과는 좀 다르다. 풀이 종이 두 장을 붙일 수 있는 것은 종이의 미세한 틈으로 풀 분자가 들어가고 시간이 지나면서 풀이 고체처럼 단단한 구조로 변하기 때문이다. 순간접착제도 마찬가지로 이러한 원리를 이용한다. 그러나 도마뱀의 몸에서는 이런 접착제가 나오지 않는다.

초등학교 과학시간에 머리에 책받침을 비벼서 머리카락이 곧추서는 정전기 실험을 해본 적이 있을 것이다. 정전기는 서로 다른 전하를 띠고 있는 고체의 표면 사이를 전기적으로 당기는 힘을 말한다. 머리카락에 일어났던 정전기는 시간이 지나면 자연스럽게 사라진다.

이렇듯 도마뱀의 다리에 있는 수많은 섬모와 벽 사이에도 물리적인 순간 인력이 작용한다. 이 인력이 작용되는 힘을 일컬어 '반데르 발스 힘(van der Waals forces)'이라고 한다. 반데르 발스 힘이 작용하는 방식은 정전기와는 다르다. 전하를 영구적으로 띠지는 않지만 전자들이 자유롭게 움직이는 과정을 통해 한쪽으로 힘이 쏠리면서 순간적으로 전하가 발생하는 것이다. 맞물린 맞은편 전자들은 반대 전하를 띠게 되는데, 이때 서로 당기는 힘을 바로 '반데르 발스 힘'이라고 한다. 물론 당기는 힘은 많이 약하다.

게코도마뱀의 발바닥은 길이가 50~100㎛, 지름이 5~10㎛인 수백만 개의 강모로 덮여 있다. 하나의 강모에는 수백 개에 달하는 주걱 모양의 섬모(길이 1~2㎛, 지름 0.2~0.5㎛)가 달려 있다. 이들 섬모의 개별적인 접착력인 반데르 발스 힘은 약하지만 수억 개가 합쳐지게 되면 도마뱀 무게의 수십 배까지도 벽에 붙일 수 있는 힘이 생기게 된다. 머리카락 하나하나는 약하지만 수만 개가 모이면 잡아당겨도 튼튼한 정도의 밧줄 같은 힘이 나오는 것과 비슷한 원리다.

## 도마뱀의 발바닥을 본뜬 접착제, 게코테이프

도마뱀의 발바닥을 유심히 관찰한 미국과 영국의 과학자들은 도마뱀의 섬모 만들기에 도전했다. 원리는 아주 가는 섬모를 수억 개 만들어서 접착제로 사용하는 것이다. 과거에는 생각할 수 없는 기술이었지만 탄소나노튜브 같은 아주 가는 나노 물질이 발명되면서부터는 여기에 고분자 코팅도 가능해졌다. 물론 나일론 실보다도 훨씬 가늘게 만들어 이것을 표면에 붙이는 기술이 뒷받침되었기에 가능한 일이었다.

과학자들은 이것을 벽에 붙여보았다. 인공 도마뱀의 다리가 생긴 것이다. 상당히 높은 밀도의 섬모 덕분에 섬모 하나하나의 약한 반데르발스 힘이 커진 것이다. 이 다리는 예상대로 벽에 잘 달라붙었다. 이 테이프를 도마뱀의 이름을 따서 '게코테이프'라고 부르게 되었다.

이 테이프의 특징은 벽면에 붙여서 벽면과 수평으로 당길 때에는 접착력이 있지만 수직으로 당기면 잘 떨어진다는 것이다. 수직으로 될 경우는 인공 섬모와 벽 사이에 붙는 면적이 없기 때문이다.

폴리프로필렌(프로필렌을 중합하여 얻는 열가소성수지로 이불솜, 돗자리, 보온병 등에 쓰인다)으로 나노 섬모를 만들면 사방 1cm에 수만 개의 섬모를 만들 수 있다. 이렇게 섬모의 밀도를 높이면 실제 도마뱀의 발바닥보다도 4배나 접착력이 강한 테이프를 만들 수 있게 된다.

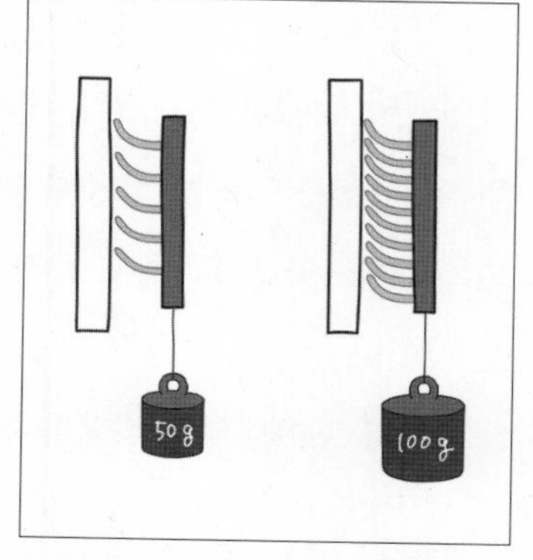

많은 섬모(오른쪽)가 큰 접착력을 일으킨다. 섬모가 쏠리는 아래 방향으로는 접착력이 작용하지만 떼어내는 방향으로는 접착력이 없다.

이 접착제를 인체처럼 물이나 습기가 많은 곳에 사용하려는 연구도 한창 진행 중이다. 습기가 있는 곳에서도 잘 달라붙거나 쉽게 떼어낼 수 있는 접착제를 만든다면 수술 부위에도 용이하게 적용될 수 있기 때문이다.

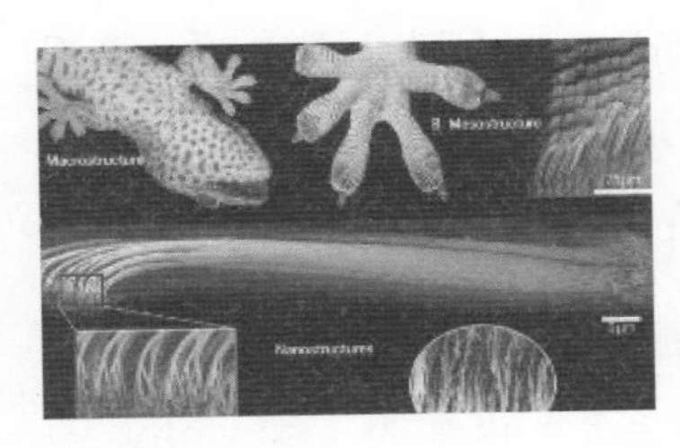
게코 도마뱀의 발바닥.

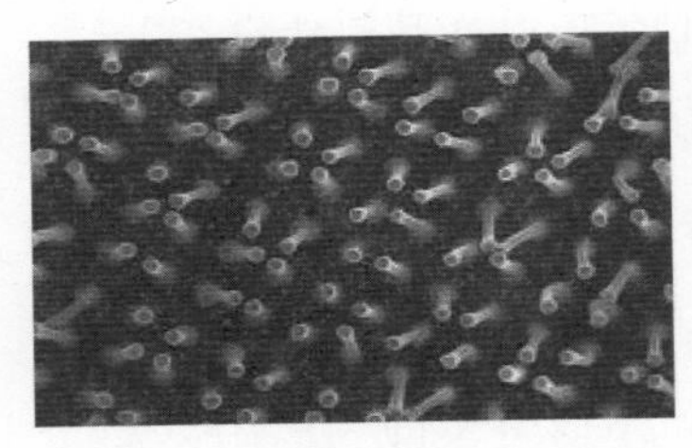
게코 도마뱀의 발바닥을 닮은 나노 테이프 표면.

물속에서도 잘 붙는 홍합의 단백질 접착제를 이 게코도마뱀의 섬모와 같이 사용한 연구도 성공적으로 진행되고 있다. 하지만 습기가 있는 경우나 물속에서는 반데르 발스 힘이 작용하지 않는다. 그래서 발바닥에 있는 섬모의 기포가 섬모를 젖지 않게 해주는 도마뱀처럼 이를 접착제에도 모방하여 적용하려 하고 있다.

이렇듯 게코테이프는 게코도마뱀의 발바닥에 있는 섬모와 벽면 사이에서 발생하는 인력의 작용 기술을 모방하여 만들어졌다. 그렇다면 이 기술은 어디에 사용될 수 있을까? 접착을 쉽게 하고 쉽게 떼어낼 수 있는 곳, 예를 들어 전자 기판을 옮기는 기술 등에 적용할 수 있을 것이다.

그러나 도마뱀의 발바닥을 완전히 닮기 위해서는 극복해야 할 사항이 몇 가지 더 남아 있다. 다름 아닌 자체 정화 기능이다. 인공 섬모로 만든 발바닥은 먼지 등으로 더러워지면 그 힘이 떨어진다. 하지만 도마뱀은 끊임없이 섬모를 재생하여 늘 깨끗한 상태로 유지한다. 이런 단점은 생체모방 기술이 넘어서야 할 커다란 장벽이기도 하다.

또 하나는 거친 표면에 달라붙는 일이다. 섬모와 벽 사이의 반데르발스 힘은 정확한 접촉이 있어야 그 접착력이 우수한데 거친 표면에서는 이 능력이 떨어지기 때문이다. 연구자들은 이에 대해 거친 담벼락도 타고 오르는 담쟁이 넝쿨의 줄기에서 힌트를 얻을 수 있을 것이라 생각하고 있다. 아직은 초기 단계지만 이 두 개의 능력이 합쳐진다면 좀 더 스마트한 형태의 게코테이프가 탄생할 수 있지 않을까?

자연에서 발견한 위대한 아이디어 30

# Part 4
# 몸, 자연이 준 최고의 선물

암은 도대체 왜 생기는 것일까?
또 인체가 어떤 방어 장치를 갖고 있기에
연구자들은 그 방어 장치를 모방하여 치료하는 데 사용하려는 것일까?
사망률 1위인 암의 정복, 정말 가능한 일일까?

19

# 인류를 구원할 만능 세포
# 줄기세포 치료기술

제주도에서 말을 탄 적이 있다. 하지만 말 타기 체험은 짜릿함을 넘어선 공포 그 자체였다. 애초에 겁이 많은 동물인 말과 내가 만난 것이 화근이었다. 바람 소리에 놀란 말이 위로 솟구쳤을 때, 겨우겨우 매달려 낙마의 위기를 모면했던 경험이 있다. 만약 말에서 떨어져 심하게 다쳤다면 아마도 평생 병상 신세를 져야 했을지 모른다.

영화 '슈퍼맨'의 히어로인 크리스토퍼 리브라는 배우가 있다. 그는 1995년 경마 대회에 출전했다가 낙마하여 목뼈의 신경이 끊어지는 불의의 사고를 당했다. 그러나 불굴의 의지로 휠체어에 앉게 되었고 이후 장애인들을 위한 여러 재활 운동과 척추 연구, 의료 보호 확대를 요청하는 사회활동을 벌였다.

많은 사람들이 척추를 다치는 사고로 생긴 절단된 신경 때문에 평생 장애인으로 살아가고 있다. 그렇다면 혹시 끊어진 신경을 다시 연결하는 방법은 없는 걸까? 생명의 위협을 느끼면 자신의 꼬리를 잘라버리고 도망갔다가 다시 꼬리를 재생시키는 도마뱀처럼 사람도 이러한 재생 기능을 모방해 끊어진 신경세포를 살릴 수는 없는 걸까?

## 신비한 도마뱀의 꼬리

도마뱀의 꼬리는 잘리면 그 부위에 있던 조직이 새로 생겨 원래의 꼬리 모습 그대로 자란다. 꼬리를 만드는 근육과 피부 등 여러 형태로 자라는 능력을 가진 세포가 몸의 다른 부분에서 똑같은 꼬리를 만들기 때문이다.

적에게 잡히면 꼬리를 자르고 도망가는 도마뱀. 다시 자라나는 도마뱀의 꼬리는 몸의 재생 연구, 줄기세포 연구의 모방 대상이다.

도마뱀의 몸속에는 '리버신'이라는 물질이 있다. 이 물질은 도마뱀의 몸속에 있던 세포를 변화시켜 잘린 부분에서 꼬리를 만들 준비를 한다. 즉, 보통의 세포(체세포)를 꼬리로 변하게 할 수 있는 만능세포인 줄기세포로 바꾼다. 이것은 도마뱀의 수정란이 자라서 몸을 구성하는 근육, 피부, 눈 등 몸의 특정 세포로 변하는 분화(differentiation) 과정의 반대인 역분화 현상이다.

이 역분화 현상으로 얻은 역분화 줄기세포는 기존에 알려진 두 가지 줄기세포, 즉 난자에서 얻는 배아줄기세포와 인체의 뼈 등에서 얻는 성체줄기세포와 함께 제3의 줄기세포로 등장했다. 일본의 과학자가 2007년에 발견하여 노벨상을 수상한 이 역분화 줄기세포는 다른 두 가지 줄기세포보다 유리한 점이 많아 앞으로의 활용이 무척 기대된다.

## 생명의 블랙박스를 열다

만약 사람에게 도마뱀이 가진 것과 같은 만능세포를 적용한다면 척추 손상뿐만 아니라 불의의 사고로 몸의 일부가 잘린 경우에도 그것을 다시 만들어낼 수 있지 않을까?

줄기세포의 가장 신비로운 점은 원하는 세포로 변화시킨다는 점이다. 사람의 경우 이런 분화가 9달 동안 진행되어 예쁜 아기로 태어난다. 정자의 반쪽 유전자와 견고한 성 안에 있던 난자의 반쪽 유전자가 합쳐져 하나의 세포, 즉 수정란이 되는 것이다. 이 수정란은 분열을 통해 배아세포가 된다. 배아세포는 세포의 외곽을 둘러싼 외부 세포와 내부 세포로 나뉘는데 외곽을 지키던 세포는 태아의 태반을 형성한다. 즉 9달 동안 지낼 아기의 든든한 집으로 만들어진다. 그리고 내부에 있는 세포가 바로 배아줄기세포들이다.

이 배아줄기세포들이 자라면서 세 개의 층을 형성하는데 각각의 층은 피부와 뇌, 뼈와 근육, 간과 폐로 자란다. 처음엔 하나로 시작했던 수정란이 각각 다른 기능을 가진 피부세포, 근육세포, 간세포로 분화하는 것이다. 이렇게 세 종류의 장기로 변하는 능력이 있는지의 여부는 진짜 줄기세포인가 아닌가를 판별하는 중요한 잣대가 된다.

현재까지는 무엇이, 어떻게 이 세포의 분화를 조절하는지 분명하게 밝혀지지 않았다. 만약 이것을 정확하게 알고 조절할 수 있다면 줄기세포를 사람의 몸속에 주입해 질병, 예를 들면 파킨슨병처럼 뇌세포가 파괴된 곳에 줄기세포를 주입해 정상적인 뇌세포로 분화되도록 할 수 있다.

수정란과 몸의 일반 세포는 모두 똑같은 유전자를 갖고 있다. 피부세포나 심장의 근육세포는 25,000개 정도의 유전자 중 특정한 유전자들만 일을 한다. 예를 들어 피부세포는 케라틴이라는 모발 단백질을

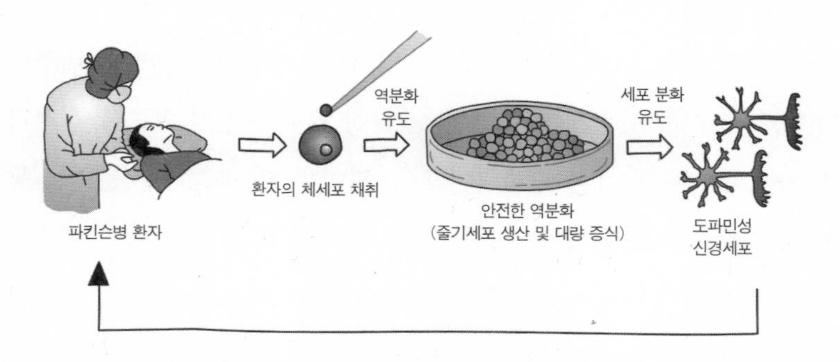


역분화 줄기세포 치료 개념도. 환자의 체세포를 역분화시켜 줄기세포로 만든 뒤 원하는 세포로 다시 분화시키면 뇌가 파괴되면서 생기는 파킨슨병의 치료도 가능하다.

많이 만들어서 살갗을 보호할 풍성한 모발을 만들도록 필요한 해당 유전자들만 열심히 일을 한다. 반면, 심장세포 내에는 피부에 있어야 할 모발 단백질 같은 것이 만들어져서는 안 된다. 심장 내에 털이 날 이유가 없기 때문이다. 그러므로 심장세포에서는 모발 단백질을 만드는 유전자는 꺼져 있어야 한다. 대신 심장의 박동이 잘 뛰도록 근육 운동을 관장하는 근육 단백질을 만드는 유전자들이 열심히 일을 해야 한다.

이렇듯 세포 내에는 많은 유전자들이 있지만 필요한 유전자만이 켜져 있어야 몸이 건강해진다. 만약 이런 조절이 깨지면 그 세포는 조절할 수 없는 세포, 즉 암세포가 된다(정상적인 세포에서 일을 하면 안 되는 유전자는 어떤 식으로든 일을 하지 못하게 막아놓았다는 이야기가 된다. 즉 심장세포는 머리카락을 만드는 케라틴 단백질을 만드는 유전자가 일을 하지 않도록 영구히 막아놓은 것이다). 이때 이 유전자가 일을 하지 못하게 하는 방법은 해당 유전자에 히스톤이라는 물질로 그 유전자를 칭칭 감아놓는 것이다. 히스톤(Histone, 염색질의 주요 단백질 구성 성분)은 뭉쳐 있는 염색체를 유전자가 칭칭 감고 있다가 세포가 분열하면서 염색체가 두 배로 불어날 때 풀린다. 평소에는 뱀처럼 칭칭 감고 있다가 세포가 두 배로 증식하는 분화 단계에서 풀어주는 것이다.

유전자 외부에서 다르게 표식을 해놓는 방법도 발견되었다. 같은 유전자라고 해도 피부 세포와 근육 세포는 유전자 외부에서 표시해놓은 모양이 서로 다르다. 이렇게 히스톤이라는 밧줄로 묶어놓는 것 이외에 다른 방식으로 표식을 해놓기도 한다.

그렇다면 유전자의 작업을 누가, 어떻게 조절하는 것인지에 대한 의문이 생긴다. 현재까지는 분화의 총사령관이라 할 수 있는 호메오유전자(Homeogene, 동물의 형태 형성을 지배하고 있는 유전자)가 그 일을 하는 것으로 알려져 있다. 이 총사령관 유전자는 생물들에게도 공통으로 존재하고 있어 생쥐나 초파리에서 호메오유전자가 작용하면 같은 기관으로 분화하게 된다(호메오 유전자상에 변이가 일어나면 대개는 죽음에 이르지만 기형이 태어날 수도 있다. 예를 들어 파리의 머리에서 다리가 나오기도 한다).

그래서 이 호메오유전자가 진화의 중요한 열쇠인 생명의 블랙박스로 알려져 있다. 이 블랙박스를 잘만 해독하면 우리는 배아줄기세포를 원하는 세포나 기관으로 분화시킬 수 있다. 이것이 바로 줄기세포

시대의 핵심 키워드다. 블랙박스가 완벽히 해독되면 우리는 심장에 털이 나게 할 수도 있고, 아니면 손을 하나 더 가지고 있는 괴물이 태어나게 할 수도 있다. 그만큼 중요한 마스터 유전자라는 의미이다.

## 인류 구원의 메시지, 줄기세포

우리 몸에는 세 종류의 세포가 있다. 척추의 신경세포와 근육세포 등 몸을 구성하는 일반 세포를 체세포(몸속에는 이런 체세포가 60조 개나 있다)라 하는데, 이런 체세포와 끊임없이 분열해 정자와 난자를 만드는 생식세포, 그리고 몸의 구석구석에서 세포를 계속 생산 공급하고 있는 줄기세포가 바로 그것이다(3~4일만 사는 백혈구나 120일을 사는 적혈구 등은 뼈 속에 있는 줄기세포에서 평생 계속 만들어진다).

척추를 다친 환자가 다시 일어나려면 줄기세포를 척추에 주입해서 신경세포로 변화시켜 척추의 끊어진 신경세포를 이어줘야 한다. 이때 성공할 수 있는 방법은 세 가지가 있다.

첫 번째 관문은 줄기세포를 많이 골라내는 일이다. 줄기세포를 현미경으로 보면서 하나하나 분리하기에는 몸속의 성체줄기세포 양이 너무 적고 또 모양이 특별하지 않아 구별해내기가 힘들다. 그리고 줄기세포는 나이에 따라 그 수가 감소한다. 태아였을 때는 1만 개 중의 하나였던 것이 성인이 되면 100만 개 중의 하나로 감소한다. 그러므로 이렇게 적은 수의 줄기세포를 고르기란 쉽지가 않다. 그래서 가장 많

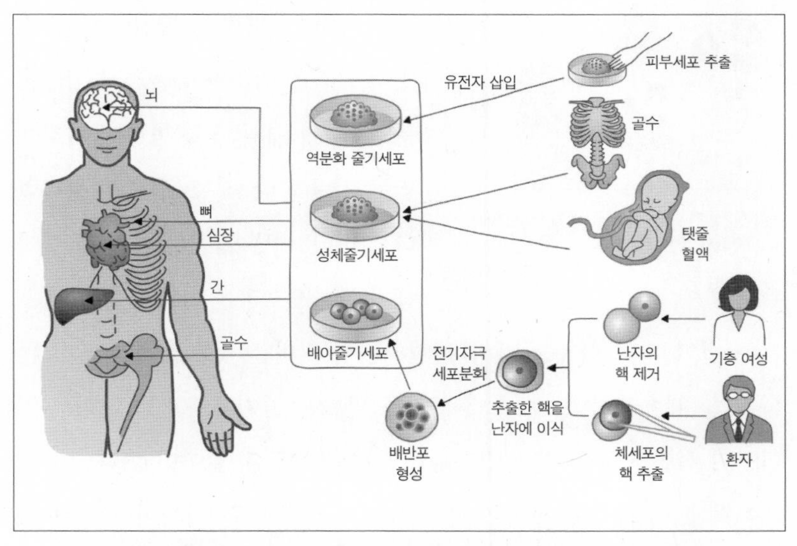


줄기세포를 이용한 치료 과정. 원하는 세포로 분화되어야 치료가 가능하다.

이 쓰이는 방법이 줄기세포만이 갖고 있는 성질을 이용하는 방법이다. 일테면 줄기세포 표면에 붙어 있는 물질에만 달라붙는 항체를 만들어 그 세포를 분리하는 것이다.

수정란 속에 있는 배아줄기세포를 얻는 방법은 성체줄기세포의 분리 방법에 비해 비교적 쉽다. 사용된 수정란 내부에 있는 세포들을 긁어서 모으기만 하면 된다. 그런데 선발된 줄기세포가 진짜인지 아닌지를 고르는 확인 단계를 거쳐야만 진정한 줄기세포로 인정받는다. 마치 백사장에서 반짝이는 돌을 고르는 것도 힘든데, 그 돌이 금인가를 확인해야 하는 것과 같다.

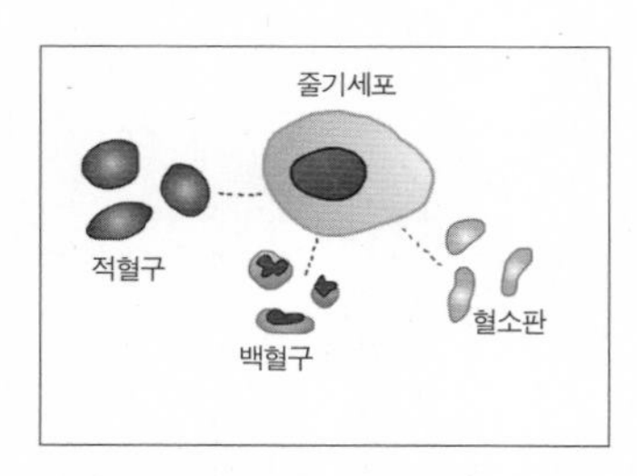

뼈 속의 줄기세포. 적혈구, 백혈구, 혈소판을 계속해서 생산해낸다.

그 확인 단계의 첫 번째 방법은 인체의 신비를 모방한 확인 기술이다. 앞서 인간을 비롯한 동물의 수정란은 분열 후 세 개의 층을 형성해 각각에 맞는 기관(피부, 뇌, 폐) 등으로 분화한다고 했다. 이렇게 세 개의 층을 형성해야 줄기세포라는 자격을 얻는다.

두 번째 확인 단계는 계속 분열하면서도 다른 것으로 분화하지 않아야 한다는 점이다. 뼈 속에서 피를 만드는 줄기세포는 분열해서 백혈구와 적혈구 등을 만들지만 원래의 형태는 잃지 말아야 한다.

이렇게 세 개의 층을 형성하는 기능과 분열 능력 기능이라는 두 가지 확인 단계를 거치면 그제야 비로소 몸값이 높고 귀한 줄기세포로 인정된다.

그러나 이것만으로는 완전하지 않다. 우리가 알고 있는 줄기세포로 완전하게 성공하기 위해서는 1단계에서 분리한 줄기세포를 원하는 세포로 분화시키는 작업을 해야 하기 때문이다. 하지만 이 작업이 만만치가 않다. 우선 무엇이 정확하게 줄기세포를 특정 세포로 분화시키는지 알아야 한다. 또 줄기세포마다 등급이 있어서 원하는 대로 다 분화할 수도 없다.

줄기세포 중에서 가장 으뜸인 등급은 분화해서 완전한 성체(인간, 초파리, 원숭이 등)가 될 수 있는 줄기세포다. 그래서 이런 줄기세포를 전능세포(Totipotent Cell)라 부른다. 이렇게 전지전능한 세포만이 아기로 태어날 수 있다.

두 번째 등급은 장기까지만 분화가 가능한 만능세포(Pluripotent Cell)다. 그 다음 세 번째 등급이 뼈 속의 골수줄기세포가 백혈구만으로만 분화하는 다능세포(Multipotent Cell)다.

줄기세포를 원하는 세포로 분화시키기 위해서는 동물, 예를 들어 사람의 수정란이 어떤 신호를 받아서 원하는 기관으로 변하는지를 모방하면 된다. 그러나 안타깝게도 생명의 블랙박스는 아직 완전히 개봉되지 않았다. 그래서 동물의 정확한 분화 조절 방법은 아직 연구 초기 단계에 머물러 있다.

물론 앞에서 예를 든 히스톤이란 물질로 유전자를 켰다, 껐다 하는 법 등이 관찰되긴 했지만 이를 직접 분리한 줄기세포에는 적용하지 못하고 있다. 대신 줄기세포가 자라는 데 어떤 신호 물질의 사용은 가능하다. 예를 들어 동물은 상처를 입으면 혀로 상처를 핥는다. 침 속에 있는 신호 물질인 어떤 물질, 즉 피부 성장 인자가 상처 부근에 있는 줄기세포에 연락을 하고 이 신호를 받은 피부 속 줄기세포는 부지런히 피부세포를 만들어 상처 부위를 메운다. 세포와 세포 사이의 신호 물질이 줄기세포가 일을 하도록 해서 피부를 메울 피부세포로 변하게 하는 것이다.

탯줄 보관 은행. 훗날 본인의 고장난 몸을 고칠 수 있는 줄기세포가 있다.

줄기세포를 적용하는 마지막 단계는 인체 내에서 살아남는 것이다. 인체 내에서 살아남기 위해서는 면역 거부 반응에 주의해야 한다. 본인의 성체줄기세포를 사용하면 몸에 주입할 때 면역 반응이 일어나지 않는다. 그래서 인체에 가장 좋은 방법은 본인의 줄기세포가 가장 많이 있는 탯줄에서 줄기세포를 분리해 분화시킨 것을 사용하는 것이다.

반면에 자신의 줄기세포가 아닌 다른 사람의 성체줄기세포를 사용할 때는 다른 사람의 세포 외부에 있는 물질 때문에 금세 면역반응을 일으킬 수 있다. 그래서 면역 억제제를 사용하게 되는데, 면역이 약해지면 감기 등의 사소한 질병도 쉽게 중병이 될 수 있다. 이런 현상은 장기이식을 할 때도 마찬가지다.

최근 개발된 체세포의 역분화 기술은 이런 문제에 시원한 답을 내려줄 것이다. 자기 몸의 세포, 예를 들어 피부를 떼어내 이것을 거꾸로 분화시키면 원래 줄기세포처럼 되는 것이다. 이러한 새로운 기술은 면역의 걱정도, 줄기세포를 이용하는 것에 따르는 윤리적인 문제도 한 방에 날려줄 것이다.

## 암과 줄기세포는 동전의 양면?

권투선수 알리가 앓고 있는 파킨슨병은 뇌세포의 일부가 죽으면서 신경전달 물질인 도파민을 생산하지 못해 생기는 난치성 질환이다. 우리나라 60대의 30%가 이 병으로 고생하고 있다고 한다. 이 병을 치료하려면 정상적인 뇌의 일부를 이식해야만 한다. 만약 줄기세포를 변화시켜 도파민을 생산하는 뇌세포로 분화시킨 뒤 뇌에서 살게 할 수 있게 한다면 쉽게 치료될 수가 있는 것이다.

이처럼 줄기세포는 무한한 치료 가능성을 갖고 있다. 훼손된 장기나 제대로 작동하지 못하는 기관을 원래의 상태로 치유할 수 있다는 것을 보여주고 있기 때문이다.

그러나 수정란에서 태아가 되기까지, 각기 다른 기관과 장기로 분화되는 생명의 블랙박스를 완전히 이해하기 전까지는 우리가 넘어야 할 산이 많다. 무엇보다도 계속 분열하여 자라는 줄기세포를 정확하게 이해하고 조절해야 한다. 그렇지 않으면 비정상적으로 계속 자라는 또 하나의 세포인 '암'이라는 괴물을 만날 수 있기 때문이다.

그래서 암과 줄기세포는 동전의 양면이라고 할 수 있다. 이는 한편으로는 암을 정복하기에 더 좋은 기회라는 뜻도 된다.

## tip

### 탯줄은행(Cord Bank)이란?

분만 후 버려지는 제대(탯줄)에 남아 있는 혈액 내의 세포를 수거하여 영하 200도에 가까운 온도로 냉동 보관하는 곳이다. 기본적으로 제대혈에는 혈액세포를 생산하는 조혈모세포가 많이 들어 있다. 이 조혈모세포를 골수이식이 필요한 혈액질환 환자, 예를 들어 백혈병 환자에게 주입하면 면역 체계를 복원시켜 암세포를 효율적으로 물리칠 수 있다고 한다. 아직까지는 소아백혈병 환자에게 주로 이용되고 있지만, 일반 골수이식보다 부작용이 적고 성공률이 높은 것으로 보고되어 향후 전망이 밝다. 또한 기업형 탯줄은행뿐만 아니라 한국, 일본, 중국이 합작한 아시아 탯줄은행의 설립으로 백혈병, 근위축증, 선천성면역결핍증 등을 앓고 있는 난치성 환자들에게는 희망이 되고 있다.

20

# 인체의 마지막 방어선, '면역'을 지켜라
# 항체 치료제

지인의 병문안 때문에 병원에 간 적이 있다. 병실로 올라가기 위해 엘리베이터를 탔는데 젊은 남자가 이동식 침대에 누워 있는 모습이 보였다. 수술이 오래 걸렸다는 말에 남자는 안심을 하는 듯했다.
암 수술의 경우 수술 부위를 열고 손을 댈 수가 없으면 바로 수술을 끝낸다. 그런데 수술 시간이 길다는 건 충분히 수술할 수 있는 상태였을 뿐만 아니라 암 덩어리도 제거할 수 있었다는 의미다. 그리고 환자의 상태가 손을 댈 수 없는 말기 상황이 아니라면 치료 후 얼마든지 완치도 가능하다는 이야기가 된다.
그렇다면 암은 도대체 왜 생기는 것일까? 또 인체가 어떤 방어 장치를 갖고 있기에 연구자들은 그 방어 장치를 모방하여 치료하는 데 사용하려는 것일까? 사망률 1위인 암의 정복, 정말 가능한 일일까?

## 인체의 3차 방어선, 면역

암은 정상 세포에서 생긴다. 정상적인 세포가 암세포로 돌변하는 이유에 대한 연구는 현재까지도 계속 진행되고 있다.

암세포는 다양한 이유로 발생하지만 인체의 방어 시스템이 정상적인 경우라면 면역계에서 암세포를 제거한다. 그러나 몸이 약해져서 면역계가 건강하지 않거나 면역계를 교묘하게 피해가는 강력한 암세포가 발생한다면 인체는 암과의 전면전을 피할 수가 없다.

우리 몸에서 가장 자연적이면서도 강력하게 암을 방어할 수 있는 것은 면역 장치다. 따라서 몸이 건강하면 병이 생기지 않는다.

인간의 몸은 1차적으로 침입자가 들어오지 못하게 물리적인 방어 수단으로 침입자를 막는다. 이때 침입자를 막는 첫 번째 방어 수단이 바로 피부다. 피부는 외부의 병원균이나 이물질이 들어오지 못하게 막는 담벼락과도 같다.

만약 이 피부에 상처가 나서 1차 방어선이 뚫리면 2차 방어선이 작동한다. 여기서 2차 방어선은 몸에 고름이 생기는 염증 반응을 말한다. 이 염증 반응은 침입자가 누구이며, 어떤 모양을 하고 있는지를 확인하는 것이 아니라 상처에서 발생된 물질의 신호에 의해 백혈구 등

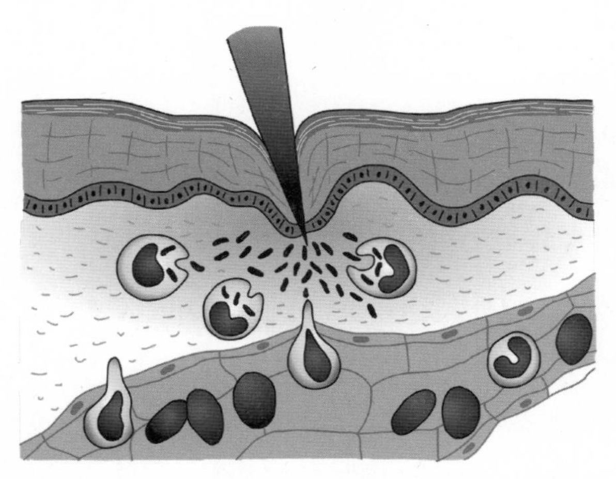

염증 반응 과정. 핀의 상처로 부상당한 세포에서 히스타민 분비 → 모세혈관이 확장되면서 식균세포, 혈액 응고 인자 분비 → 침입균 등을 먹어치움 → 혈소판 등으로 상처 부위 지혈 → 붓고 발열 생김

의 전투병이 활동하는 것이다. 그래서 침입자가 병원균이라는 정보를 접하면 그 병원균을 바로 식균세포가 먹어버린다. 이처럼 염증 반응은 상처가 발생한 곳(병원균 등이 침입한 곳)에서 식균세포와 병원균이 국지전으로 싸우는 상태를 말한다.

예를 들어 간첩이 휴전선 철조망을 뚫고 침투하면 초소를 지키는 군인은 그 사실을 즉시 초소에 보고한다. 그러면 그 지역에 경계령이 내려지고 주위의 군사들이 전투를 치른다. 여기에서 휴전선 철조망이 바로 피부이고, 휴전선 부근에서 벌어지는 전투가 일종의 염증 반응인 셈이다.

모든 방어는 이렇듯 염증 반응에서 끝나야 한다. 만약 간첩이 몰래 철조망을 뚫고 침투했거나 전투병이 미처 도착하기도 전에 간첩들이 모두 넘어와 다른 전투병을 공격하면, 인체의 2단계 방어선인 염증 반응이 무너진 것과 같다. 그렇게 되면 인체는 병원균과의 전면전을 각오하고 3단계 방어선인 면역 반응에 비상벨을 울린다. 그러면 인체 전체에 빨간불이 켜지고 인체는 가능한 모든 방법을 동원해 침입자를 없애려고 한다. 일종의 전군동원령이다.

면역 반응시 인체는 우선 침입자가 어떤 모양을 하고 있는지를 알아내야 한다. 침입한 병원균, 혹은 바이러스는 세포 외부에 자신의 존재를 알리는 '명찰' 같은 물질이 있다. 그리고 인체를 순찰하는 수많은 종류의 감시 세포의 벽에는 이 명찰 물질과 딱 달라붙는 수용체(receptor)가 있다. 그러니 둘이 서로 만나서 달라붙는 순간 침입자가 누구인지 밝혀지게 된다. 이로써 인체는 염증 반응을 뚫고 들어온 적이 어떤 모습을 하고 있는지 알게 되고 면역계는 본격적으로 공격을 준비한다.

이때 침입자가 어떤 모양의 명찰을 달고 있느냐, 즉 어떤 모양의 항원이냐에 따라 인체는 두 가지의 무기를 준비한다. 첫 번째는 항원에 직접 달라붙는 미사일 같은 항체이고 두 번째는 적의 표지를 가진 세포를 공격하는 공격용 탱크, 즉 세포 자체다. 만약 과거에 이미 인체에 침입한 적이 있는 침입자라면 그 기록이 면역의 기억 세포에 저장되어 있어 훨씬 빨리 다량의 미사일 항체를 만들 수 있다.

침입한 병원균의 경우 병원균 외부에 미사일 항체가 달라붙으면 그 항체의 신호를 받은 킬러 세포들이 병원균을 공격하기도 한다. 또 함락된 요새의 창문에 적의 흔적이 있으면 공격용 탱크 세포가 그 요새를 전부 없애버리기도 한다. 면역은 이렇게 정밀하고 치밀한 여러 가지 전략을 앞세워 대부분의 전쟁을 승리로 이끈다.

인체에 면역이 잘 되어 있으면 대부분의 침입자는 면역과의 전쟁에서 전멸당한다. 그러므로 거듭 강조하지만 인체의 가장 정교한 방어막은 잘 준비된 면역이고, 건강한 신체의 중심은 면역 방어이다.

면역력이 좋지 않을 경우에는 병원에 입원하여 외부에서 항생제 등의 지원을 받아야 한다. 내부의 방어력이 없는 면역 전쟁에서는 인간이 승리하기 힘들기 때문이다.

## 인체의 면역력을 모방한 치료용 항체

인체 방어의 마지막 단계인 면역을 잘 사용하면 암이 발생해도 자연적으로 없애준다. 그런데 문제는 이런 정교한 시스템을 잘 유지하지 못하는 때이다. 즉, 몸이 약한 사람이란 면역시스템이 제대로 작동하지 못하는 사람을 의미한다.

건강한 사람도 심한 스트레스가 계속되면 우선 약해지는 것이 2차 방어선인 염증단계이다. 여기에서 짧은 시간 내에 전투를 승리로 이끌지 못하면 인체는 지리한 전투 단계가 계속되면서 3차 면역이 제 구실을 하지 못한다.

암세포는 정상 세포의 유전자가 변형된 것이다. 따라서 대부분의 암세포는 암세포 특유의 변형된 유전자를 가지고 있고, 이는 암세포인가를 확인하는 중요한 마지막 수단이다. 즉 암이 의심되는 신체 부분을, 예를 들어 갑상선암이 의심되면 그 부위를 바늘로 찔러서 세포 조직을 조금 떼어내 조직검사를 한다. 또는 수술실에서 암이 의심되는 부위를 도려내 검사를 할 때는 먼저 세포의 모양새를 본다. 정상 세포와는 다른 모양으로 판단하는 방법도 쓰지만 암환자에게만 나타나는 변형된 유전자, 즉 암 마커 유전자의 존재 여부를 정밀 조사한다.

이런 암 마커 유전자를 찾는 일은 매우 중요하다. 또한 이 유전자에서 생산된 암 특이적인 단백질도 암을 확인하는 데 필수이다. 암단백질은 생산되어 혈액 내로 돌아다니기도 한다. 그래서 혈액검사시 암단백질을 측정하면 간단하게 이런 종류의 암을 진단할 수 있다.

암단백질이 생산되어 암세포 표면에 나타날 경우는 항체 공격의 좋은 '명찰'이 된다. 정상적인, 즉 건강한 사람의 경우 이런 암세포가 생기면 면역감시 세포에 금방 포착되고 이어지는 항체미사일 공격과 T 세포라 부르는 세포의 공격에 사라져버린다. 문제는 유전적으로 암세포가 많이 생기는 사람의 경우나 면역이 약화된 사람의 경우 그것이 쉽게 없어지지 않는다는 것이다. 어느 날 갑자기 멀쩡한 사람이 암진단을 받는 경우이기도 하다.

현실적으로 암환자는 이미 면역이 약화된 상황이다. 암세포가 외부에서 눈으로 측정될 만큼 자랐다는 이야기는 면역이 어떤 이유로든 작동하지 못하고 있는 상황이다. 그리고 암환자는 암 선고를 받을 때의 스트레스 및 암제거 수술에 따른 고통, 특히 계속되는 화학 항암제로 몸이 지칠대로 지친 상황이다. 이렇게 면역이 바닥인 암환자에게 면역이 정상으로 돌아오기를 마냥 기다릴 수는 없다. 이때 필요한 것이 외부에서 암세포를 대상으로 하는 공격용 항체를 만들어 공급하는 것이다. 암세포에 많이 나타나는 명찰 같은 수용체를 인식하고 달라붙는 항체를 인체 외부에서 만들어 투입하는 것이다.

이것은 스스로 면역을 형성하지 못하는 사람에게 항체를 공급해주는, 즉 입에 밥을 떠넣어주는 일종의 '수동 면역'의 한 방법이다. 건강한 사람은 외부에서 침입한 균을 적(항원)으로 인식해 스스로 항체를 만드는 '능동 면역'을 만들지만, 아픈 사람은 면역 기능이 떨어져 그럴 수 없기 때문이다. 따라서 최종 목표는 인간의 항체와 유사한 항체를 외부에서 만들어 공급해주는 것이다.

항체는 외부에서 동물세포를 배양하여 만든다. 항체를 만들 때는 물론 인간의 세포를 사용해 인간 항체를 만들면 가장 좋다. 그러나 인간 세포보다는 기술이 많이 확립된 쥐 세포를 사용하는 것이 현재로서는 쉽다. 하지만 쥐의 항체는 사람과 조금 달라서 인체 내에서 적으로 오인되기도 하기 때문에 가능하면 인간 것으로 만들려고 한다.

항체는 적을 확인해서 달라붙는 머리 부분과 달라붙은 후 해당 세포를 공격하는 꼬리 부분의 정교한 구조로 되어 있다. 항체의 머리 부분은 달라붙는 항원 분자의 구조에 따라 여러 가지 구조를 띠며 변화도 심하다. 따라서 외부에서 항체를 만들 때는 변화가 심한 이 부분을 잘 만들어야 한다.

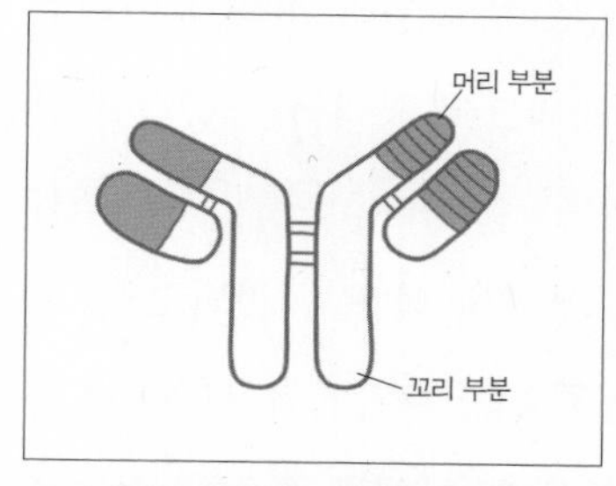

항체의 구조. 항원이 붙는 머리 부분과 다른 공격용 세포 등이 붙는 꼬리 부분으로 이루어져 있다.

## 미사일 항암제로 암을 정복하다

항체 치료제는 제약시장에서 돌풍을 일으키며 전체 시장의 20%를 단숨에 뛰어넘는 높은 성장률을 보이고 있다. 유방암 세포 표면의 대문인 수용체에 달라붙어 유방암 세포의 과다 성장을 억제하는 치료제인 허셉틴이 표적 치료제의 선두 주자로 달리고 있으며, 폐병 환자의 표지 물질을 타깃으로 하는 이레사, 암의 혈관 생성 억제제인 아바스틴 등의 항암제가 그 뒤를 잇고 있다.

이들의 치료 원리는 간단하다. 달라붙는 것이다. 예를 들면 유방암 치료제인 허셉틴 항체는 유방암 세포에 많이 생산되어 세포 표면에 걸려있는 수용체에 달라붙는다. 그러면 유방암 세포의 성장신호가 차단되어서 암세포가 성장하지 못한다. 또는 항체 꼬리 부분에 암세포를 공격하는 킬러 세포를 달라붙게 한다. 킬러 세포는 암세포를 파괴한다. 최근에는 꼬리 부분에 항암제 성분을 달아놓아 항체가 암세포에 달라붙으면 항암제가 암세포만을 집중적으로 공격하는 강력한 미사일 항암제가 만들어지고 있다.

항체 치료제는 암세포 이외에도 많은 분야에 적용, 개발되고 있다. 예를 들어, 자기 세포를 자기 항체가 공격하는 자가면역질환인 류머티스는 심한 염증 반응을 일으킨다. 염증은 염증 관련 물질의 신호로 시작되는데, 이 신호 물질에 달라붙는 항체치료제(앙브렐)를 사용하면 염증 신호를 차단하고 염증을 완화시킬 수 있다. 물론 완전한 치료는 지금은 불가능하다. 그러나 류머티스의 고통을 없애고 정상적인 생활을 할 수 있게 한다면 그 자체가 희망이라고 할 수 있을 것이다.

화학적인 합성으로 신약을 만드는 경우 신약 특허가 만료됨에 따라 이를 복제하듯 만들어낸 약품이 제네릭(복제약)이다. 단백질 의약품의 경우 이를 바이오시밀러(bio-similar)라고 부른다. 이는 미국 보잉사에서 개발한 보잉707을 우리나라 김해 공장에서 만드는 것이라고 생각하면 쉽다.

이런 항체 치료제를 대량으로 만드는 기술이 점점 발전하고, 더욱 많은 회사에서 기술 개발에 참여한다면 기존 치료제보다도 10배, 20배 높은 치료 효과를 내고 또한 표적 항체의 치료비도 저렴해질 것이다. 그러면 주머니가 얄팍한 서민들도 항암제의 무서운 부작용 공포에서 벗어나 좀 더 효과적이고 덜 고통스러운 치료를 받게 될 것이다. 이러한 암 치료제가 높은 성공률을 보인다면 인류는 암을 절반 정도는 정복했다고 해도 과언이 아닐 것이다.

**tip**

대기업이 바이오시밀러(Bio-Similar)에 주목하는 이유?

2013년을 기점으로 바이오 의약품들의 특허가 만료됨에 따라 식약청 사용 승인을 받은 바이오시밀러들은 상용화가 가능하게 되었다. 더욱이 항체 치료제의 시장 규모가 연간 28조 원에 달한다는 점을 고려한다면, 이 시장의 10~20%만 점유해도 큰 수익이 기대된다. 하지만 아직까지 국내에서는 바이오시밀러 제품으로 식약청 승인까지 받은 기업이 전무하다. 대부분 임상시험 단계에 머무르고 있다. 늘어나는 평균 수명과 병에 대한 지속적인 관심, 웰빙과 삶의 질을 높이는 데 직접적으로 연관된 바이오 산업은 높은 시장성이 전망되고 고부가가치를 창출한다는 점에서 국내의 굵직한 대기업들이 앞다투어 시장 선점에 나서고 있다.

항원과 항체

항원(antigen)은 면역반응을 일으키는 물질이다. 즉 항원이 몸에 들어오면 면역세포는 이 항원에 맞는 항체를 만든다. 병원균이나 바이러스의 경우 외부 껍질에 붙어 있는 물질이 항원으로 주로 작용한다.
항체(antibody)는 외부에서 들어온 항원을 알아차리고 몸에서 만드는 공격용 단백질 무기. 항원에 달라붙는 부분인 머리와 꼬리부분이 있다.

21

# 항생제 없는 세상을 꿈꾸다
# 생균제

횟집에서 가장 비싼 메뉴는 단연 '자연산'에 속하는 것들이다. 그런데 자연산이란 과연 무엇인가? 자연산이란 직접 바다에서 잡은 것이어야 한다. 하지만 육지의 양식장에서 키우다가 바닷가 가두리로 옮겨와도 대부분의 판매업자들은 자연산이라고 주장한다. 문제는 그들이 자연산이라고 우기는 것에 있지 않다. 어디서 키웠든 간에 그것보다 더 큰 문제는 사료와 함께 공급되는 항생제에 있다.

얼마 전 횟감에서 잔류 항생제가 검출되었다는 소리를 듣고 놀랐던 기억이 있다. 이는 회뿐만 아니라 돼지고기나 소고기도 마찬가지다.

질병으로부터 동물들을 지켜준다는 항생제가 너무 과하게 사용되고 있는 상황이다. 그러다보니 동물 내부에 남아 있는 항생제가 사람에게도 영향을 미친다. 항생제에 내성균이 생기면서 이젠 웬만한 주사도 듣지 않게 되는 것이다. 항생제를 자주 사용하면 대장 내에 있는 균들이 영향을 받아 장내의 균형이 깨지면서 배가 아프게 된다.

그렇다면 대장을 자연적인 상태, 즉 가장 건강한 최적의 상태로 유지하는 방법은 무엇일까?

## 건강의 영원한 동반자, 장내 미생물

항생제를 너무 과하게 사용해서 생기는 부작용은 이미 여러 차례 보고된 바 있다. 항생제를 투여한 10~40%의 환자에게서 설사와 구토, 메스꺼움이 관찰되었으며, 대표적인 설사균인 클로스트리듐(인체의 장에서 상존하면서 장염을 일으키는 균)의 저항성은 1987년에 15%였던 것이 2005년엔 45%로 무려 3배나 증가했다. 여기에 가려움 등의 부작용도 발생하게 되었다. 그런데 이러한 부작용에도 불구하고 항생제를 대체할 만한 방법이 아직까지는 없다. 다만 장내 병원균을 억제할 또 다른 균을 투입하는 연구가 진행될 뿐이다.

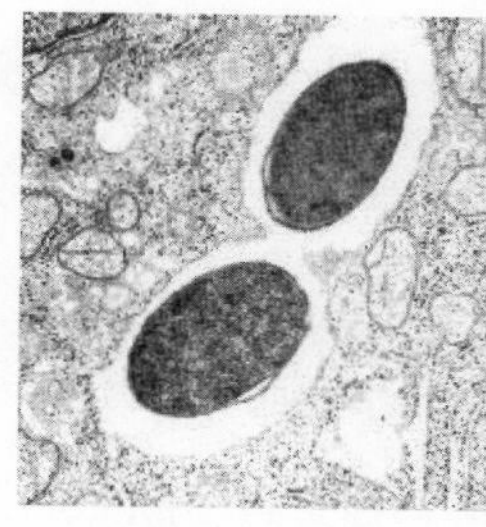
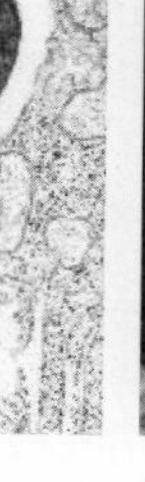

대장 설사 유발균.

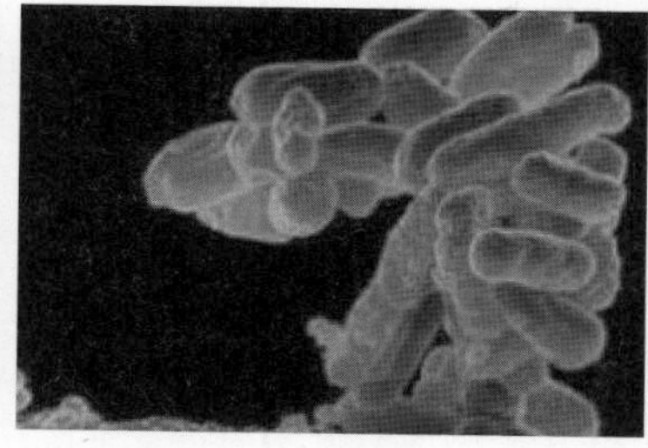

항생제 내성균.

인체에는 인간과 평생을 함께 하는 미생물들이 대장을 비롯한 소화기관, 여성의 질 내부, 피부 등에 살고 있다. 대장만 해도 그램당 천 억 마리, 종별로는 130~200종(인체 전체로는 800종)에 가까운 미생물이 살고 있다. 이들의 80% 이상은 한 번도 배양해본 적이 없는 미생물이다.

그런데 최근 생물정보학의 발달로 이런 미생물들의 유전자 정보가 밝혀지면서 이들의 역할이 주목을 받고 있다. 이들은 음식 소화, 음식물 유래 병원균(음식물에 붙어서 들어오는 병원균) 제거, 장내 면역 증강, 비타민 B12 제조, 콜레스테롤 저하, 음식 중독 예방, 독성 물질 제거, 항암 작용, 설사 방지 등의 역할뿐만 아니라 병원성 균을 억제하기도 한다.

장내 미생물이 주로 외부 음식물을 통해 전달되는 병원성 균을 억제하는 방법은 영양분을 먼저 빨리 섭취해 병원균을 자라지 못하게 막거나 항균 물질(예: bacteriocin, 천연의 무독성 방부제) 또는 젖산을 스스로 생산하는 일이다. 이런 유익한 균들은 주로 젖산을 생산하는 유산균 및 바실러스 계열에 많으며 그 사람의 유전적 요인과 후천적 요인에 의해 그 종류와 수가 결정된다. 또 건강할 때와 아플 때 장내 균의 패턴이 변하는데 정상적인 집단이 유지되면 외부 병원균에 의한 소화기 내의 문제, 특히 대장 관련 문제(설사 등)를 예방할 수 있다.

장내 미생물은 병원성 균을 억제하는 일 외에도 비만, 고혈압, 고지혈증 등 성인병에도 영향을 미친다. 그중 비만에 관한 실험 결과는 매우 흥미롭다.

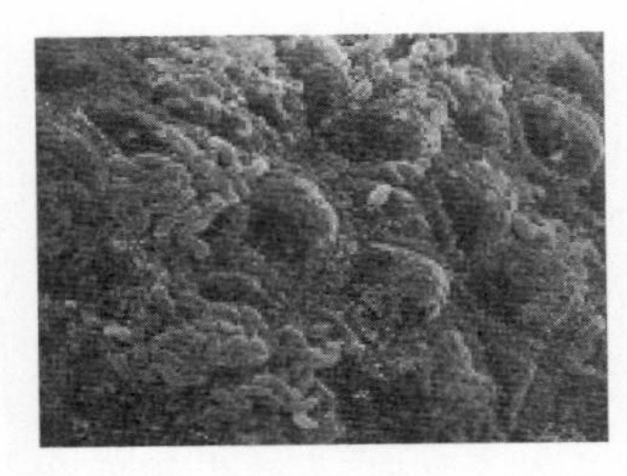
대장, 피부, 질 등에서 기생하는 미생물은 인체의 동반자이다.

장내 미생물은 특별한 안테나를 이용해 대장의 가장 바깥에 있는 경비견 역할의 면역세포에게 "나는 네 편이니 공격하지 말라"고 신호를 보낸다. 만약 이 신호를 방해하거나 없애면 비만이나 당뇨 등이 발생한다.

이렇듯 장내 미생물들은 단순히 소화에만 관여하는 것이 아니라 인체의 면역, 대사, 성인병 등을 비롯한 인체 전반에 매우 중요한 역할을 한다. 그러므로 장내의 균들을 잘 관

리하는 것이야말로 건강을 지키는 중요한 방법이다. 또 장내 미생물의 중요성은 인체에만 해당되는 것이 아니라 사육이 필요한 소, 돼지, 닭 등을 비롯해 모든 가축과 양식이 필요한 새우, 광어, 장어 등 모든 어종에 해당된다.

## 유익한 균을 대장에 공급하라

생균제(probiotic)란 인체, 가축, 동식물 등을 질병으로부터 보호하는 미생물을 말한다. pro는 '~을 향하여', biotic은 '생명'이란 뜻이니 생균제(probiotic)는 "균, 나와 함께 잘 해보자"라는 긍정적인 의미를 갖고 있다. 반면 항생제에 해당하는 'antibiotic'은 '생명체(biotic)에 반대한다(anti)'는 의미를 갖고 있으므로 "병원균, 내가 너를 죽이겠다!"는 뜻을 포함한다.

지금까지 축산업에 이용되는 사료에는 대부분 항생제가 들어 있었다. 새우, 광어 등을 키우는 양식업도 마찬가지다. 그런데 질병으로부터 가축을 보호하기 위해 2011년부터 항생제 사용이 전면 금지되었다.

지금까지 농가에서는 가축들의 체중 증가와 성장 촉진을 위해 항생제를 사용해왔다. 그러나 그 항생제 사용이 전면 금지되었으므로 그에 대한 대비책이 마련되어야 할 것이다.

생균제는 현재 외부에서 유익한 미생물을 별도로 키워 필요한 곳에 공급한다. 어린 돼지에게 항생제 대신 생균제를 투여할 때는 설사균을 억제하는 균과 유산균, 소화를 돕는 균들을 미리 분말 형태로 만들어 공급하거나 사료에 섞어 먹이기도 한다.

양어장도 항생제 대신 유익한 미생물을 공급하는 방식을 사용하고 있다. 물론 여러 가지 여건을 고려해야 한다. 우선 인체나 가축에 안전한지 확인해야 한다. 그래서 어떤 곳에서는 된장이나 고추장, 김치 등의 발효식품 혹은 사람들이 먹는 음식물 중에서 균을 고르기도 한다.

또한 투입된 균들은 필요한 현장에서 잘 자라야 한다. 돼지의 장내에서 잘 자라려면 돼지의 장에서 분리한 유익한 균이 가장 좋다. 그래서 연구자들은 필요하다면 언제라도 돼지 똥을 파헤쳐 유익균을 얻을 준비가 되어 있다.

최근 국내 제일제당 연구소에서는 재미있는 연구 결과를 내놓았다. 항생제 대체제로서 병원균의 천적 바이러스를 상용화한 것이다. 사용한 천적은 다름 아닌 박테리아 킬러 바이러스, 즉 '박테리오파지'라 부르는 전문 킬러이다. 박테리오파지란 박테리아 병원균에 침입해 박테리아를 죽이는 일종의 바이러스로 에이즈 바이러스가 면역세포에 침투해 인체를 무력화시키는 것과 같다.

킬러 바이러스인 박테리오파지의 장점은 특정 병원균만을 죽인다는 것이다. 장내에 있는 균 중에서도 설사를 일으키는 설사균만을 공격하고 유익한 균을 포함한 다른 균에는 영향을 미치지 않는다. 말하자면 병원균 박테리아만 노리는 전문 킬러인 셈이다. 기존의 항생제가 무차별적으로 장내의 모든 균들을 죽이는 것에 비하면 훨씬 우수하다고 할 수 있다.

사실 대장 안에 있는 균들이 서로 어떤 작용을 하는지 모르는 상황에서는 항생제로 무차별적 공격을 하는 것보다 박테리오파지를 통해 선별적인 공격을 하는 것이 훨씬 효과적이다. 평화롭게 살고 있던 마을에 적군이 침투했다고 모두 폭격할 수는 없는 노릇이고, 그렇다면 적군을 잘 알아보는 킬러를 들여보내는 것이 더 좋은 방법인 것이다.

## 항생제의 부작용에 대응할 비책

1928년 페니실린이 발견되면서 병원균에 의한 사망은 급격히 줄어들었다. 페니실린은 제2차 세계대전을 통해 많은 생명을 살렸으며 항생제의 연구 및 생산은 이때부터 급물살을 타게 되었다.

의학의 발전을 일컬어 항생제 산업의 발전이라고 할 만큼 항생제는 인간 수명의 연장은 물론 병원균의 감염으로부터 해방되는 데 큰 몫을 담당했다. 하지만 빛이 강하면 그늘도 짙은 법. 항생제 내성균의 등장으로 항생제 연구는 새로운 전기를 맞이하게 되었다. 좀 더 강한 항생제를 만들면 이에 맞서는 내성균이 생기고, 그러면 또다시 더 강한 효능의 항생제를 만드는 끊임없는 전투가 벌어진 것이다.

과연 이 전쟁에서 누가 이길 것인가? 개인적으로는 병원균이 유리하다고 본다. 병원균은 끊임없이 유전자가 변화된 변이주(mutant)를 만들기 때문에 그에 맞서는 새로운 항생제가 나오더라도 또다시 새로운 변이주를 만들어낼 것이기 때문이다.

따라서 인간은 최소한의 항생제를 사용해 병원균이 변이주를 만들어낼 기회를 주지 말아야 한다. 그리고 항생제 사용을 줄이려면 항생제처럼 병원균을 죽이거나 자라지 못하게 할 방법을 연구해야 한다. 그중 하나가 바로 생균제(probiotic)다.

균을 가장 효과적으로 억제할 수 있는 것은 천적 또는 다른 균이다. 그러므로 우리는 병원균을 억제하는 유익한 균이 잘 유지될 수 있도록 몸을 건강하게 지켜야 하고, 안 되면 섭취해서라도 공급해야 한다. 우리 몸은 이러한 균 사이의 균형이 잘 이뤄질 때 건강이 유지되기 때문이다.

이제부터는 배가 살살 아프다고 무조건 병원에 가서 약을 처방받기보다는 자연적으로 면역력을 키우는 데에 힘을 써야 한다. 그리고 많은 균들이 서로 어떻게 소통하는지, 어떻게 유해균을 누르는지, 어떤 균이 설사균을 이기는지에 대해 알아야 한다. 우리의 몸에서 중요한 역할을 하는 대장 내의 균들이 최고의 컨디션을 유지할 때 건강한 하루를 보낼 수 있기 때문이다.

유산균, 알고 마셔요!

요구르트에는 유산균이 그램당 1억~20억 마리나 함유되어 있다. 요구르트에 들어 있는 유산균의 역할은 장 내 유해균을 억제하고 유익균의 증식을 돕는다. 또한 장 내의 면역세포에 작용하여 인터페론(바이러스에 감염된 동물의 세포에서 생산되는 항 바이러스성 단백질)을 늘려 각종 암 발생을 억제한다고 알려져 있다.
유산균의 효능을 보려면 일반적으로 유산균을 50억~100억 마리 정도 섭취해야 한다. 유산균 발효유에는 1ml당 보통 1억 마리가 들어 있으므로 한 병(150ml)을 마시면 효과적인 것이다.
유산균 발효유의 유통기한은 3주 안팎이며 대개 제조일로부터 2~3일 뒤 유산균 수가 가장 많으므로 이때 섭취하는 게 좋다. 유산균은 온도와 습도에 민감하므로 1개월 내에 먹을 때는 서늘한 곳에 보관하고 1개월 이상 두고 복용할 때는 냉장보관하는 것이 좋다.

22

# 난청 잡는 해병대
# 전자귀

오늘도 어김없이 강아지가 짖어댄다. 5층 아파트의 맨 끝집이라 1층까지는 한참 떨어져 있는데도 강아지는 식구들의 발자국 소리를 정확하게 알아듣는다. 아니나 다를까, 잠시 후 문이 열리며 외출했던 가족 한 명이 들어온다. 집안에 있던 사람은 도저히 알아듣지 못하는 소리를 강아지는 용케도 들었던 것이다.

동물 중에서도 특히 뛰어난 개의 청력은 35,000Hz로 사람의 25,000Hz 보다 매우 발달되어 있다. 또한 소리를 판별하는 능력도 뛰어나 사람보다 8배나 되는 먼 곳에서도 소리를 잘 들을 수 있다고 한다. 그런 미세한 소리까지 들을 수 있어 경비견으로서의 역할을 훌륭히 해낸다. 그러므로 개를 재우지 않고 담을 몰래 넘어가기란 거의 불가능에 가깝다.

그렇다면 도대체 개들은 어떻게 소리를 듣는 것일까? 왜 사람들은 개가 듣는 소리를 들을 수 없는 것일까? 만약 선천적으로 청각에 이상이 있는 사람에게 개의 청각 기능을 본뜬 장치를 만들어 이식하면 어떻게 될까?

## 소리 전달의 정교한 장치, 달팽이관

소리는 소통의 수단이다. 어느 날 갑자기 소리가 들리지 않게 되면 우리는 소통 불능의 상태에 빠진다.

듣기의 첫 번째 단계는 소리를 모으는 일이다. 귀의 모양은 소리를 모으는 구조에 적합하게 되어 있으며 생김새도 여러 가지 기능을 할 수 있도록 되어 있다.

코와 입이 하나인데 반해 귀가 두 개인 것은 두 개의 눈처럼 거리와 방향을 가늠하는 기능 때문이다. 우리는 눈을 감고도 어느 쪽에서 소리가 나는지 알 수 있다. 이것은 소리의 방향에 따라 귀의 고막에 도달하는 시간이 다르기 때문이다. 각각의 시간차를 판단한 뇌는 소리가 어느 쪽에서, 얼마나 떨어진 곳에서 나는지를 알 수 있다. 눈의 각도에 따라 거리를 측정할 수 있는 것과 같은 원리다. 또한 약간 휘어진 귀속 통로는 고막이 직접 노출되는 것을 방지하는 방어 역할을 한다.

귀는 외이, 중이, 내이로 구분되어 있다. 외이와 중이를 구분하는 고막은 직경 1cm, 두께 1/10mm의 얇은 막으로 형성되어 있으며 이 고막은 소리의 진동을 이소골(귀의 뼈)에 전달한다. 이소골은 3개의 뼈로

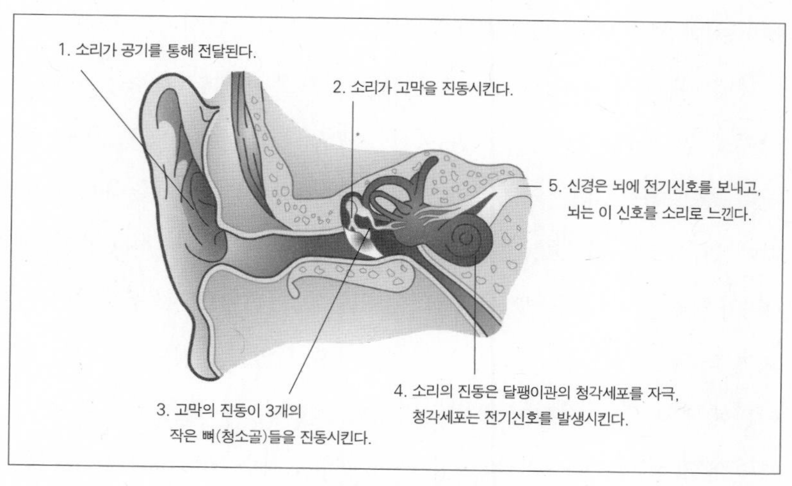


귀가 소리를 인식하는 과정.

연결된 구조인데, 소리의 진동을 고막에서 내이로 전달하는 역할을 한다. 또한 귀에 손상을 줄 만큼 큰 소리가 들어오면 소리를 전하는 진동 형태를 바꾸어 소리를 줄여줌으로써 청각 신경을 보호한다.

귀, 외이, 고막, 이소골을 통해 소리가 전달되는 곳은 달팽이관인데 생김새가 달팽이처럼 생겼다고 해서 붙여진 이름이다. 달팽이관은 귀에서 가장 중요하고 예민한 기관이다. 이곳에서 이소골로 전달된 소리의 기계적 파동은 신경신호로 전달되고 그것이 다시 뇌로 전달된다.

대부분의 난청은 이곳에서 발생한다. 달팽이관은 신경으로 전달해주는 세포가 모여 있고, 이 세포가 뇌로 전기신호를 보내기 때문에 튼튼해야 한다. 하지만 선천적으로 장애가 있거나 질병이나 사고로 달팽이관 세포가 제 역할을 못 하게 되면 소리 전달에 문제가 발생한다. 또 나이가 들면서 세포가 퇴화해 소리 전달이 어려워지기도 한다.

달팽이관에서 물리적 진동이 전기적 신호로 바뀌는 과정은 실로폰 악기를 연상하면 된다. 실로폰은 큰 음판이 낮은 음을 내고, 작은 음판이 높은 음을 내는 악기다. 이처럼 달팽이관에도 실로폰 음판이 바닥에 깔려 있다(실제로는 달팽이관을 채우고 있고 관의 굵기에 따라 진동수가 달라져 실로폰 음판 같은 역할을 한다). 소리는 높이와 세기로 구성되어 있으며 높은 소리는 많은 진동수(Hz)를 가지고 있고, 높은 고음이 달팽이관에 들어오면 달팽이관 바닥에 깔린 실로폰의 짧은 음판을 통과하면서 자신의 진동수에 맞는 음판까지 파도처럼 떠밀려간다. 그러다가 진동수와 맞는 음판에서 멈춘다. 그러면 음판에 연결된 세포(유모세포)가 뇌에 전기신호를 보낸다. 뇌는 어디에 있는 세포가 신호를 보냈는지 파악하고 소리의 주파수가 얼마인지를 알아낸다. 낮은 진동수의 소리는 이런 이유로 높은 소리 지역의 음판을 통과해 더욱 멀리 간다.

따라서 달팽이관의 입구는 모든 소리의 진동이 지나가는 지역이므로 늘 진동 상태인 까닭에 이 부분의 세포는 쉽게 노화되거나 상처를 입는다. 대부분의 난청은 음판의 처음 부분, 즉 높은 진동수를 듣지 못하는 데서 발생한다.

달팽이관은 이런 의미에서 생체 마이크로폰이라고 할 수 있다. 마이크로폰은 소리의 진동을 전기적 신호로 나타낸다. 사람의 새끼손톱보다 작은 0.2ml 크기의 달팽이관은 30,000개의 유모세포를 갖고 있으며 19,000개의 신경섬유로 연결되어 있다. 소리의 진동수를 30,000개의 세포가 30,000개로 분리한다고 해도 과언이 아니다. 정밀하게 진동수를 분리해내는 매우 예민한 기계인 셈이다.

달팽이관의 중요한 세포인 유모세포(hair cell)에는 머리카락보다 훨씬 가는 굵기의 소리 전달 목적을 가진 미세한 섬모가 50~60개나 나와 있다. 이 미세 섬모는 유모세포와 신경섬유를 연결하는데, 소리에 흔들리는 유모세포의 움직임에 따라 전기신호를 발생시킨다. 이 전기신호를 초당 200번 이상 보내는 역할을 하는 미세 섬모는 한 번 끊어지면 다시는 재생되지 않는다. 헤드폰이나 이어폰으로 음악을 크게 들으면 예민한 유모세포가 상처를 입게 되는 것이다.

## 나노 기술로 만드는 인공 달팽이관

미국의 통계에 따르면 태어나면서부터 청력에 장애가 있는 경우는 1,000명당 1명이며, 난청 환자는 4.4명이라고 한다. 또한 현재의 치료 기술로는 모두 기계적 보청기인 인공와우를 사용해야 한다고 한다.

인공와우는 일종의 마이크로폰을 생체에 삽입하는 것이다. 그러나 마이크로폰의 주파수나 정확성의 한계 때문에 듣는 데에 많은 어려움이 있다. 30,000개의 세포가 분리해 듣던 소리를 불과 4, 8개 혹은 많아야 12개 정도의 분리 능력을 가진 마이크로폰의 주파수로만 들어야 하니 소리가 정확하게 들리지 않는 것이다. 또한 음의 높낮이가 있는 중국어 같은 경우는 전달이 쉽지 않다. 더구나 현재의 인공와우는 마이크로폰의 기술력으로 볼 때 배터리 등 크기의 한계가 있어 부득이

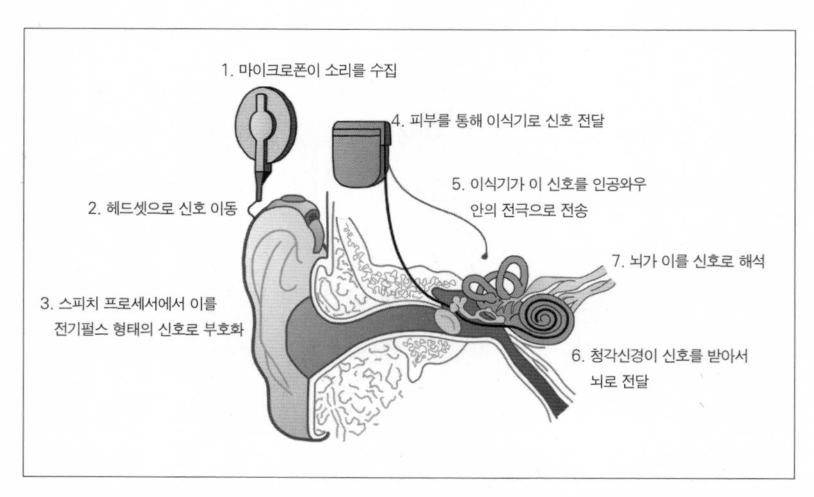


인공와우를 통해 소리를 듣게 되는 원리. 마이크로폰의 신호를 뇌에 전달한다.

귀의 외부에다 노출시켜야 한다.

그렇다면 사람의 청각 시스템을 마이크로폰에 그대로 모방하면 어떻게 될까? 지금의 마이크로폰은 소리의 진동에 의해 막이 움직이면서 발생한 전기적 신호를 사용한다. 이러한 방법 대신 사람의 달팽이관을 본떠 만든다면 좀 더 정교한 소리를 전달할 수 있지 않을까?

사람의 청각 작용을 모방해 인공 귀를 만드는 연구는 국내외에서 한창 진행되고 있으며 기존의 인공와우와는 전혀 다른 방법이 도입되고 있다. 달팽이관의 바닥에 있는 실로폰 모양의 진동 장치를 만들면 (이 진동 장치는 최대한 여러 종류의 음판을 깔면 좋다) 소리의 주파수를 좀 더 세밀하게 나눌 수 있어 더욱 정확하게 소리를 전기신호로 바꿀 수 있는 것이다. 달팽이관에 있는 30,000개의 유모세포까지는 아니더라도 최소 30개만 되어도 소리가 더욱 잘 분리되어서 세밀하게 들릴 수 있게 된다. 물론 인간이 가진 유모세포만큼의 숫자를 만들려면 좀 더 오랜 시간이 걸린다.

소리의 진동에 따라 움직이는 이러한 실로폰의 음판 같은 구조는 나노기술을 이용해 만들 수 있다. 이 실로폰 같은 음판은 소리의 진동수에 따라 진동하게 되는데 이렇게 진동하는 에너지를 전기로 바꾸는 방법은 두 가지다.

첫째, 압력을 받으면 전기가 발생하는 작은 장치인 압전소자를 사용하는 방법이다. 이 압전소자는 여러 곳에서 쓰이는데, 예를 들어 아이들이 뛰어놀 때 누르는 힘을 이용해 스마트폰을 충전할 수도 있다.

이렇게 발생한 전기신호를 이 장치에 사용해 진동으로 바꾸면 조그만 스피커로도 사용할 수 있다. 또한 이 압전소자를 아주 작은 사이즈의 실로폰 음판과 연결시키면 소리의 진동수에 따라 전기신호를 발생시킬 수 있다.

둘째, 실로폰 음판 같은 구조 위에 가느다란 선(섬모)을 세우는 것이다. 유모세포를 닮은 이 섬모는 아래의 음판이 진동하면 같이 진동해 섬모 위에 있는 전극과 닿으면서 전기를 발생시킨다.

이제 사람의 귀를 닮은 인공 달팽이관을 만들 수도 있다. 주파수별 전기신호를 사람의 신경에 전달하는 장치를 만들기만 하면 된다. 이 장치로 엄지손톱 크기 정도의 칩을 만들어 밖에서 보이지 않게 귀 안쪽에 살짝 넣을 수도 있을 것이다.

현재 나노과학을 이용해 달팽이관을 닮은 인공와우를 만드는 연구는 계속되고 있지만 여전히 한계는 있다. 이를테면 사람의 청각이 가진 정교한 조절 기능(큰 소리가 들어오면 스스로 소리를 줄여 세포의 손상을 예방하고 작은 소리는 크게 증폭시켜 잘 들리게 한다)은 쉽게 모방하기가 힘들다. 그래서 이런 자동 조절 기능을 모방하기 위한 연구가 한창이다.

그뿐만이 아니다. 동물의 예민한 감각을 모방하기 위한 연구도 진행되고 있다. 예를 들어 코끼리처럼 낮은 주파수의 파동을 민감하게 감지하는 동물은 지진 경보에 효과적으로 사용될 수 있다. 개의 탁월한 청력 역시도 마찬가지다.

이처럼 동물의 감각을 모방하기 위한 연구는 인공청각 기술 분야의 발전을 가속화시킬 수 있는 좋은 사례이다. 이제 귀에 문제가 있는 사람들의 고통을 해결해줄 인공나노와우를 장착한 스마트한 전자귀의 등장이 멀지 않았다.

### tip

칵테일 파티 효과(Cocktail Party Effect)란?

사람들이 많이 모여 시끄러운 파티장 같은 장소에서 듣고 싶은 소리만 듣게 되는 경우가 있다. 이러한 조건에서도 옆 사람과의 대화가 가능한 것은 뇌가 다른 사람의 소리는 모두 기계적으로 전달하지만 자신이 관심을 갖는 소리는 선택적으로 골라 듣게 만들기 때문이다. 마치 리모컨을 이용해 불필요한 소리의 볼륨은 줄이고 필요한 소리의 볼륨은 증폭시키는 것과 같은 원리인데, 이를 '칵테일 파티 효과'라고 한다.
또한 귀가 가진 또 하나의 편리한 기술은 배경 소음을 제거하는 것이다. 예를 들어, 에어컨을 켠 직후에는 시끄러운 소리를 금방 알아채지만 점점 시간이 지나면 에어컨의 소리가 잘 들리지 않게 된다. 그러다가 에어컨을 끄면 소리를 인지하게 되는 것이다. 이것이 바로 배경음을 무시하는 귀의 놀라운 선택 기술이다.

23

# 냄새로 암 환자를 찾아내다
# 전자코

스위스 취리히 공항 탑승구 앞에서 일어난 일이다. 갑자기 독일 보안요원이 내게 보안요원실로 가라고 했다. 탑승 수속할 때 수하물로 부친 커다란 여행 가방이 문제가 된 모양이었다. 모자를 눌러쓴 보안요원은 권총을 만지작거리며 가방을 열라고 했다. 사실 가방 속엔 벽돌만 한 크기의 물건이 하나 있긴 했다. 바로 스위스산 치즈였다.

나는 보안요원에게 치즈라고 말하며 그 앞에서 직접 먹어보였다. 그러나 그는 의심스런 눈초리를 거두지 않고 나를 위아래로 훑어보았다. 그러고는 냉장고처럼 커다란 기계에서 탐지봉을 꺼내 치즈를 이리 저리 살펴보더니 그제야 돌아가도 좋다며 고개를 끄덕였다.

만약 그 기계가 없었다면 벽돌만 한 치즈를 다 먹어야 했을지도 모른다는 생각이 들자, 나는 도움을 준 기계의 이름이 궁금해서 물어보게 되었다. 보안요원은 폭약 탐지용 냄새 분석기로 다이너마이트 등의 냄새 분자를 측정하는 기계라고 했다.

나는 비행기 안에서 '만약 취리히 공항에 제대로 훈련된 탐지견만 있었더라도 그 고생은 안 했을 테고, 다이너마이트와 치즈를 구분하는 정도의 휴대용 냄새 분석기가 있었더라면 공항에서 그 망신은 당하지 않았을 텐데' 하는 생각이 들었다.

그렇다면 과연 냄새를 잘 맡는 개의 후각 기능을 본뜬 기계를 만들 수는 없는 것일까?

## 냄새 수용체를 통해 냄새가 전달되다

공항에서 마약이나 폭약 등을 찾아내는 탐지견은 후각세포가 매우 잘 발달되어 있다. 공항에서 적발되는 마약의 40% 이상을 찾아내는 탐지견은 후각이 인간보다 만 배 이상 예민하다고 한다. 냄새를 맡는 비강의 면적도 76배이며 후각세포도 무려 44배나 된다고 하니, 그야말로 냄새 하나는 기가 막히게 잘 맡는 동물이다.

도망자를 추적하는 범죄 수사 영화에서도 추격견의 역할은 눈부시다. 관객들도 추격견이 나타나면 당연히 범인이 잡힐 것이라고 예상한다. 그러므로 만약 머리가 좋은 범인이라면 지문을 없앨 것이 아니라 자신의 냄새를 없애는 방법부터 고민해야 할 것이다.

사람의 코는 비강이라는 곳에서 냄새를 맡는다. 비강은 점액으로 늘 축축한 상태를 유지하는데 비강에 도달한 냄새 분자는 냄새 수용체(세포에 존재하며 세포 외 물질 등을 신호로 받아들이는 단백질)에 달라붙는다. 그러면 이 수용체는 전기신호를 뇌에 보낸다.

사람들이 수많은 커피 향 중에서 아메리카노와 헤이즐넛 커피 향을 구별할 수 있는 이유는 2004년 후각의 원리를 밝혀 노벨상을 수상한 미국의 과학자 리차드 액셀과 린다 B. 버크의 연구에서 찾을 수 있다. 그들은 하나의 냄새는 하나의 후각 수용체와 신경세포, 그리고 신경줄을 통해 모아져 같은 냄새로 기억된다는 것을 밝혀냈다. 즉 커피 향 자체를 담당하는 커피 수용체가 있다는 것이다.

그런데 인체가 가진 천 개의 후각 관련 유전자 중에서 실제로 수용체를 만드는 유전자는 단 350개에 불과하다. 나머지 650개는 작동을 하지 않는 것이다. 또한 1개의 세포에 1개의 수용체가 있으므로 350개 수용체로 10,000개의 냄새를 기억한다는 것은 '1개의 냄새-1개의 수용체-1개의 후각세포'가 아니라 '1개의 냄새-여러 개의 수용체-여러 개의 세포'라는 공식으로 성립될 수 있다. 즉, 바나나 냄새는 1,3,5 수용체, 사과 냄새는 1,7,10,11 수용체의 형태로 신경에 전달되고 기억된다는 것이다.

따라서 냄새를 구별하는 방식은 냄새 분자가 몇번 몇번 수용체에 달라붙는가 하는 것으로 인식된다고 볼 수 있다. 이것은 만 개의 수용체가 있는 것보다 훨씬 더 효율적이다.

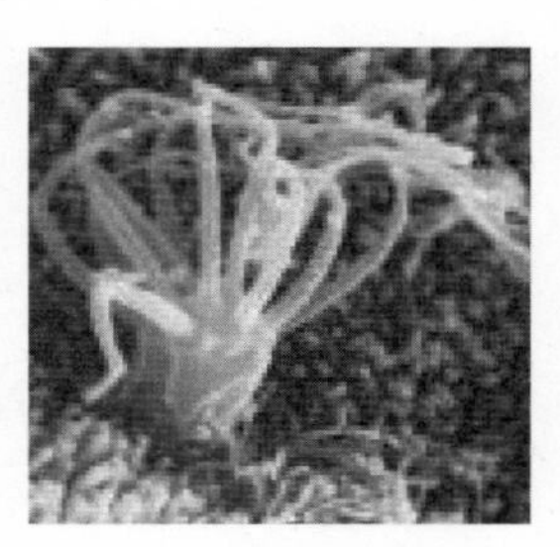
냄새 수용체. 말미잘 같은 외부의 섬모에 연결된 세포가 신호를 전달한다.

수용체는 콧구멍 안쪽의 촉촉한 껍질인 비강 점막의 상피세포에 안테나처럼 삐져나와 있는데 말미잘처럼 생긴 후각세포 가지 하나에는 같은 종류의 수용체들이 늘어서 있다. 그리고 여기에서 발생된 전기신호는 신경세포인 뉴런의 다른 끝을 거쳐 뇌로 전달된다(점막의 바닥에 있는 줄기세포는 수용체를 만드는 세포인 뉴런을 평생 동안 만들어낸다).

예를 들어, 포도주 분자가 수용체에 달라붙으면 이때 발생된 전기신호는 마치 연못에 던진 돌 때문에 생긴 물결처럼 신경세포를 따라 전달된다. 이 신호가 뇌에 오면 포도주 향의 신호 패턴을 기억하고 있던 뇌가 포도주 향임을 알아차리고 입맛을 다신다.

## 개의 후각 시스템을 모방한 인공 냄새 센서

개의 후각 시스템을 그대로 모방한 것이 인공 냄새 센서, 즉 전자코다. 동물의 후각은 '감지(후각세포) - 전달(신경세포) - 해석(뇌)'의 3단계를 거치는데, 이런 3단계 후각 전달을 그대로 전자코에도 적용하면 전자코는 '센서 - 신호 변환기 - 해석 장치'로 구성된다.

이러한 감각 전달의 방식은 생물체의 시각, 미각, 통증에도 그대로 적용된다. 그래서 전자코의 연구 개발 중에서 센서의 개발은 가장 핵심적인 부분이다.

냄새 센서는 냄새 분자가 어떤 물질에 달라붙으면서 생기는 변화를 측정한다. 이러한 센서 중에는 대표적으로 반도체, 전도성 고분자, 수정진동자, 생체 수용체가 있다.

우선 반도체를 이용하는 방법은 금속산화물을 포함하는 반도체 공간으로 냄새 분자가 지나가면서 산화와 환원의 과정을 거치고 이 과정에서 전기신호가 발생하면 이 전기신호는 냄새 분자의 종류와 구조, 반도체 내의 금속산화물 종류에 따라 여러 형태의 신호를 내보낸다. 이 신호는 고유한 냄새 분자의 성질을 갖고 있어 이 신호에 따라 그 물질이 무엇인지를 판단한다. 일종의 지문(finger print)인 셈이다.

최근 가장 연구가 활발한 센서 부분은 생체 물질을 이용하는 방법이다. 냄새는 비강의 후각세포 중에서도 외부로 노출된 수용체 단백질에 달라붙어 여러 과정을 거쳐 신호를 보낸다. 이에 후각세포를 그대로 사용하거나 수용체를 센서로 이용하는 방법이다.

수용체를 이용하는 방법은 국내에서는 서울대 바이오연구그룹과 나노연구그룹이 공동으로 진행하고 있는데 냄새 수용체를 탄소나노튜브 위에 올려놓는 방법이 그것이다. 냄새 수용체에 달라붙은 냄새 분자는 미세한 전기신호를 발생하는데 이것을 탄소나노튜브를 이용해 측정한다. 막에 붙어 있는 냄새 수용체는 개나 사람의 동물세포에서는 생산, 분리하기가 쉽지 않다. 그래서 쉽게 자라는 다른 세포, 예를 들면 효모에서 생산하기도 한다.

이런 수용체를 수정진동자의 표면에 코팅해 무게의 변화를 측정하는 방법도 시도되고 있다. 냄새 수용체를 직접 사용하는 것이 힘들 경우에는 냄새 수용체를 다량으로 끄집어내서 그 세포 자체를 센서로 쓰거나 수용체가 포함된 세포막을 추출해서 사용하기도 한다.

인간의 냄새 수용체는 다른 화학적 센서보다도 훨씬 예민하고 정확해서 유사한 구조의 냄새 분자도 정확하게 구분할 수 있다. 이것이 바로 생체 수용체를 사용한 냄새 센서의 장점이라고 할 수 있다.

## 건강까지 진단하는 전자코

최근 건강에 대한 관심이 날로 높아지고 있는 가운데 사람한테서 나는 체취나 소변 냄새 등으로도 건강 여부를 측정할 수 있게 되었다. 또 근래에는 암 환자의 고유한 냄새를 구분하는 개가 등장해 세간의 화제가 되었다. 병을 진단하는 데 냄새가 쓰이게 된 것이다. 이밖에도 어떤 물질을 용기에 담았을 때 용기의 물질과 반응해 성분이 변하는 것을 냄새의 변화로 쉽게 측정할 수 있다.

이렇게 냄새로 품질검사(Qulity Control)를 할 수 있는 분야는 많다. 예를 들어 생산 과정에서 음식물이 변했는지 여부를 전자코로 쉽게 판단할 수 있다. 여러 가지 물질이 혼합되어 있는 식품의 경우에는 그 성분 분석을 하는 것이 매우 복잡하지만 비교적 간단한 성분이 포함된 화장품의 경우 화장품의 성분이 변했는지 아닌지는 냄새로 간단히 점검할 수 있다.

후각은 인간의 오감 중에서 가장 예민하다. 그윽한 커피 한 잔에 사람의 마음이 편해지고, 붉은색 포도주 한 잔에 하늘을 나는 기분이 되는 것은 모두 향기에 의해 좌우된다. 코가 막히면 맛도, 멋도, 아무런 감각도 느낄 수 없다. 그래서 식품, 환경, 화장품 등의 분야에서 냄새와 향은 상품의 성공 여부에 큰 영향을 미친다.

냄새 측정기, 즉 전자코(Electronic Nose)는 다양한 산업 분야에서 필요하다. 이제 쉽게 사용할 수 있는 휴대용 냄새 분석기로 냄새의 세상, 향기의 세상을 꿈꿔볼 날도 멀지 않았다.

## 귀신은 속여도 전자코는 못 속여요!

입냄새가 심한 사람은 두 군데를 가봐야 한다. 하나는 치과, 또 한 군데는 내과이다. 치과야 가서 이를 뽑거나 아니면 잘 닦으면 해결되지만, 내과의 경우 소화기 계통의 문제가 있을 수 있다. 물론 가볍게 소화가 안 되는 정도면 좋지만 위암, 대장암 등에 걸렸을 때도 냄새가 나는 경우가 있다. 최근 일본에서는 대장암의 세포에서 나는 냄새를 개가 알아맞히는 뉴스가 보도되기도 했다.

또 사람의 소변에는 많은 의학 정보가 담겨 있다. 그렇기 때문에 소변의 성분을 일일이 검사해서 병을 확인하는 방법도 있지만 소변의 냄새만으로도 건강을 확인할 수 있다. 옛날 궁궐에서 왕의 대변과 소변의 냄새를 일일이 확인한 것은 그런 이유에서였다.

소변의 성분으로 건강 여부를 검사하는 방법은 일종의 통계 방법이다. 즉 대장암에 걸린 사람의 소변 성분을 통계 분석하면 특정 성분이 검출된다. 이런 상관 관계를 만들어 소변 냄새도 같은 방식으로 접근하면 훨씬 더 빠르게 건강검진을 할 수 있는 것이다.

냄새를 간과해서는 안 된다. 결국 사람의 몸에서 나는 냄새는 몸의 세포에서 나오는 물질 때문이고 그것은 세포의 상태와도 밀접하게 관련되어 있기 때문이다. 냄새를 분석하는 기계의 문제점으로 지적되어온 것이 정밀도였는데, 이제는 인공 전자코로 좀 더 정확하게 냄새를 분석할 수 있게 되었다.

# 자외선 없이도 구릿빛 피부를 만든다?
# 선탠 크림

오래전 서울의 한 대학병원에서 겪었던 일이다. 한 유럽 여자가 걱정스러운 얼굴로 진료실 앞을 서성거리기에 왜 그러고 있는지 이유를 물었다.

여자는 피부에 생긴 검은색 반점 때문이라고 했다. 그렇게 말하는 여자의 얼굴은 잔뜩 겁에 질려 있었다. 그러면서 자신의 팔뚝 안쪽에 자리한 엄지손가락 정도의 엷은 커피색 반점을 보여주었다. 처음에는 피부에 난 부스럼 정도를 갖고 왜 저렇게 호들갑을 떠는지 의아했다. 하지만 여자는 죽음의 사자가 자신 앞에 있기라도 한 듯 공포에 휩싸인 얼굴로 말했다. 어머니와 이모가 모두 그런 증상으로 죽었다는 것이다.

병명은 흑색종. 즉 악성 피부암이라는 소리였는데, 듣는 나도 소름이 끼칠 정도였으니 그녀의 마음은 어떠했을까? 그런데 인간을 포함한 모든 생명체에게 이로운 작용을 하는 태양이 왜 인간의 피부암을 유발하는 적으로 돌변한 것일까? 마음껏 햇볕도 쬐면서 피부를 건강하게 유지하는 방법은 없을까?

## 유럽인들은 왜 구릿빛 피부를 좋아할까?

유럽인들은 피부가 약한 편이다. 즉 태양에 쉽게 상처를 받는 약한 피부 때문에 피부암이 발생하기 쉽다. 그런데도 그들은 햇빛이 쨍쨍한 날이면 공원으로 몰려나가 일광욕을 즐긴다.

반면 한국 사람들은 어떤가? 유럽인들에 비하면 비교적 튼튼한 구릿빛 피부를 가졌다. 그럼에도 불구하고 일광욕과는 거리가 멀다. 부산 해운대 해수욕장의 풍경을 떠올려보라. 수영을 하지 않을 때면 모두 파라솔 아래로 들어가서 태양을 피하기 바쁘다. 태양이 내리쬐는 같은 조건에서 프랑스 니스의 해변과 해운대 해수욕장의 풍경은 이처럼 대조적이다.

유럽인들은 일광욕, 즉 선탠을 즐긴다. 그들에게 이유를 물으면 대답은 한결같다. 우선 대부분의 날씨가 우중충한 영국, 독일 등 북부 유럽인들에게는 가끔 만나는 빛나는 태양 자체가 반가운 손님이라는 것이다. 태양에서 뿜어져 나오는 밝은 기운이 사람의 마음을 들뜨고 기분 좋게 한다고 한다. 또한 피부가 태양을 받게 되면 비타민D를 합성하니 햇빛을 반기는 게 당연한 것 아니냐고 반문한다.

반면 희고 투명한 피부를 선호하는 한국에서는 미백 화장품이 불티나게 팔린다. 더욱이 어스름한 저녁에도 햇빛 가리개를 쓰고 운동을 하는 한국의 여성들은 그들의 생각을 이해하지 못할 수도 있다.

생물진화론적 관점에서는 유럽인들 역시 원래부터 흰 피부가 아닌 검은 피부였을 것이라는 의견이 지배적이다. 16~20만 년 전, 아프리카에서 처음으로 기원한 인류의 일부가 유럽으로 이주했는데, 원래 아프리카에서 태어난 인류는 검은색 피부를 가지고 있었다는 것이다.

태양이 내리쬐는 뜨거운 열대지방에서는 검은색 피부를 가진 인류가 살아남기에 용이했을 것이다. 강한 자외선을 견디기 위해서는 이를 방어하는 검은 피부 색소인 멜라닌이 생성되기 때문이다. 그래서 인류의 조상이 검은 피부를 가졌을 것이라는 학설은 신빙성이 있다.

이처럼 인류의 조상에 해당하는 일부가 유럽으로 이주한 후, 약한 햇볕과 육식 위주의 자연환경 속에 살게 되면서 지금의 흰 피부로 바뀌게 되었다는 것이 생물진화론자들의 주장이다.

유럽인들은 19세기 초반까지 흰색 피부를 선호했다. 당시 구릿빛 피부를 가진 사람들은 주로 외국인 노동자들이었다. 게다가 흑인 노예들이 유럽에 유입되기 시작하면서 흑색 피부, 갈색 피부는 하류층의 상징이 되었다.

그런데 이런 흰색 피부를 선호하는 경향 역시 바뀌기 시작했다. 그것은 우연히 일어난 한 사건 때문이었다. 1920년도에 유명한 의류 디자이너였던 코코 샤넬이 패션쇼에서 화장을 하지 못하고 햇빛에 피부가 그을린 상태로 무대에 선 것이다. 미처 대비하지 못한 갈색 피부가 새로운 패션으로 유행하기 시작한 것은 그때부터였다. 미국 출신의 혼혈 가수인 조세핀 베이커 역시 한몫 거들었다. 파리 무대의 유명한 댄스가수로서 그녀는 갈색 피부를 미와 부의 상징으로 만들었다.

## 피부의 건강 비결은 멜라닌 색소

이제 파리에서 갈색 피부는 하류층의 상징이 아닌 패션의 최첨단, 건강미, 그리고 부유함의 상징이 되었다. 이후 1940년도에는 비키니가 유행하면서 일광욕 붐이 일어났고, 유럽인들은 해변과 공원으로 선탠을 하러 가게 되었다.

그것도 모자라 유럽인들은 건물 내에 자리한 인공 선탠장으로 몰려들었다. 덕분에 전 세계적으로 선탠 시장의 규모는 무려 50조 원에 달하게 되었고, 약 5만 개의 인공 선탠 업소가 생겨났다고 한다.

그런데 내리쬐는 자연광, 혹은 실내의 인공광 아래에서 우리 피부는 정말로 안전할까?

인간은 비타민D가 부족하게 될 경우 여러 가지 질병을 앓게 된다. 예를 들어, 뼈가 약해지는 구루병이나 호흡기로 들어온 결핵균에 의해 피부 발진이 생기는 피부결핵증에 쉽게 노출된다. 이를 자연적으로 치료하기 위해서 피부는 빛을 이용해 비타민D를 체내에서 합성하는 것이다.

하지만 인간이 정상적인 활동에 필요한 비타민D는 소량에 불과하다. 이는 일주일에 한두 번 정도 바깥 외출을 하거나, 혹은 음식 내지는 비타민제를 복용하면서 보충할 수 있는 양이다. 그래서 비타민D를 많이 만들기 위해서 일부러 일광욕을 한다고 하면 피부과 의사들은 깜짝 놀라면서 말린다. 피부 건강에 있어 태양은 가장 큰 적이기 때문이다.

우리가 익히 접하는 태양광선은 색을 가지는 가시광선과 눈에는 보이지 않는 자외선을 가지고 있다. 문제는 이 자외선이다. 자외선은 가시광선보다 짧은 파장의 빛을 가지고 있는데도 강력하다.

자외선은 다시 세 종류로 분류되는데 그중 순한 자외선보다 짧은 파장의 독한 자외선이 피부에 문제를 일으킨다. 즉 독한 자외선이 피부 외곽에 있는 피부세포의 유전자를 변형시키는 것이다. 변형된 유전자는 대부분 원래 상태로 치유되지만, 치유되지 않은 유전자는 암으로 발전하기도 한다.

물론 인체 내에도 이런 자외선의 공격을 방어하는 장치가 있다. 하나는 자외선으로 생긴 유해 물질들을 제거하는 장치다. 이 장치가 제대로 작동이 안 되면 유해 물질들이 유전자뿐만 아니라 세포에까지 직접적으로 해를 입힌다. 건강한 사람은 이런 유해 물질 제거 장치가 잘 돌아가지만 스트레스 상황에 노출되어 면역 기능이 약해진 사람의 경우에는 이런 보호 장치에 허점이 생긴다. 바다에서 일하는 어부와 뙤약볕에서 일하는 농부의 피부가 쉽게 노화되는 이유는 기본적으로 인간 피부의 자연 치유 능력보다 햇빛이 갖고 있는 자외선이 훨씬 강하기 때문이다.

이런 보호 장치와 더불어 중요한 것이 멜라닌 색소이다. 피부가 검은 것은 이 멜라닌 색소 때문이다. 흑인은 체질적으로 많은 멜라닌 색소를 가지고 있다. 따라서 피부가 튼튼하다. 흑인과 백인의 피부를 가까이에서 관찰해보면 매끈매끈하고 탄력 있는 흑인 피부와 거칠거칠한 백인 피부가 다르다는 것을 금방 알게 될 것이다.

흑인 피부가 자외선에 가장 튼튼하게 태어난 이유는 조상들이 열대우림에서 강한 자외선에 노출되어 살아온 내력이 그대로 전달된 덕분이다. 반면에 선천적으로 태양 빛에 약한 피부를 타고난 백인들은 선탠을 조심해야 한다. 그렇다고 햇빛을 보지 않고 살 수는 없으니, 인공

태닝 시설을 이용하는 것도 한 방법이 될 수 있다.

인공 선탠의 원리는 간단하다. 인공적으로 태양을 닮은 빛을 피부에 쬐게 하는 것이다. 장소만 바뀌었을 뿐 태양빛을 쬐는 것과 다를 바 없기 때문에 밖에서 일광욕을 하는 것과 크게 차이가 없다고 볼 수 있다.

물론 인공 선탠이 안전한지는 검증해야 한다. 최근 미국 예일대가 연구한 바에 따르면, 인공적으로 선탠을 할 때가 자연적으로 선탠할 때보다 무려 6배 정도 피부암 발생률이 높았다고 한다.

그렇다면 좀 더 안전하고 효과적인 방법으로 건강한 구릿빛 피부를 만드는 방법은 없을까?

## 태닝크림으로 건강하게 피부를 태워라

인체는 태양빛, 특히 자외선을 받게 되면 멜라닌이란 검은 색소를 만들어서 피부세포의 유전자를 보호한다고 했다. 하지만 멜라닌 색소는 그냥 만들어지지 않는다. 멜라닌 색소를 만들기 위해서는 피부에게 멜라닌 색소를 만들라고 명령하는 어떤 신호 물질이 필요하다. 그렇다면 이 신호 물질을 인공적으로 피부에 공급해주는 것은 어떨까?

실제로 이 물질은 '멜라닌세포 자극호르몬(melanocyte-stimulating hormone, MSH)'이란 긴 이름을 갖고 있다. 이 호르몬은 보통 아미노산이 연결된 형태이므로 인공적으로 쉽게 만들 수 있다. 다만 정상적인 상황일 때 이 호르몬은 인체 내에서 색소를 만드는 신호를 보낸 후 쉽

태양의 자외선을 쬐게 되면 인체는 멜라닌 색소를 생성해 피부를 보호한다.

게 분해되어 그 효과가 약하다는 단점이 있다. 그래서 인체 내에서 잘 분해되지 않도록 구조를 변형시켜 만든 것이 바로 태닝 크림이다. 이 크림을 사용하면 피부는 마치 태양을 쬔 것처럼 신호를 받게 되어 멜라닌 색소를 부지런히 만들게 된다. 즉 피부를 곱게 태울 수가 있는 것이다. 이 크림을 이용하면 자외선에 의한 유전자 파괴 등의 부작용도 걱정할 필요가 없다.

이런 과학적 사실 이외에도 사람들의 피부 빛깔은 문화적으로도 민감하게 연결되어 있다. 그만큼 피부는 인간에게 심리적으로나 생리적으로 매우 중요한 기관이다.

인간의 피부는 단순한 껍질 이상의 역할을 하고 있다. 외부 세계로부터 인체 내부를 방어하기 위해 여러 층의 세포들이 층층이 쌓여 있는 고성능의 장벽인 셈이다. 이는 인간에게 없어서는 안 되는 아주 훌륭한 방어막이면서 외부와의 통신까지 담당하는 중요한 감각기관이다.

이제 모든 해답을 외부에서 찾는 것은 어리석은 일이다. 가장 안전하고 효과적인 답이 바로 인체 내부에 있었다는 사실만 봐도 알 수 있다.

**tip**

멜라닌세포 자극호르몬(MSH)이란?

인간을 구성하는 수십 조 개의 세포는 서로 연락하고 소통을 하면서 산다. 가까이에 붙어 있는 것은 물론, 멀리 떨어져 있는 세포와도 연락을 한다. 소통 방법의 한 예로 호르몬이라고 하는 단백질로 만들어진 신호물질을 다른 세포의 안테나인 수용체(receptor)에 달라붙어서 세포 내로 신호를 보낸다.
'멜라닌 세포자극호르몬(MSH)'은 글자 그대로 멜라닌 생성 세포인 멜라노사이트를 자극하는 호르몬이다. 신호를 받은 멜라노사이트는 약속된 행동인 멜라닌을 만든다. 이 호르몬은 14개의 사슬, 즉 14개의 아미노산으로 연결된 비교적 적은 호르몬이다. 이 호르몬은 한 번 생성되어 신호를 전달하고 나면 분해가 된다. 분해되지 않으면 세포는 계속 신호를 보내고 받는 형태가 되기 때문이다. 즉 이 호르몬은 분해가 잘 되기 때문에 외부에서 약이나 제품을 공급하여 인공적으로 분해가 잘 안 되는 형태로 만든다.

25

# 건강하고 아름다운 피부의 탄생
# 기능성화장품

수년 전 중국 티베트를 여행한 적이 있다. 중국 남서부에 위치한 티베트는 고도가 4,000미터 이상 되는, 눈이 듬성듬성 덮인 산악지대다. 그래서 주위가 온통 황량한 벌판이다. 인구밀도는 사방 1km에 1.6명으로 우리나라의 1/300 수준이며, 이는 여의도만 한 면적에 평균 서너 명이 산다고 보면 된다.

그러다보니 여행을 하는 중에 티베트에서 사람을 만나기란 그리 쉬운 일이 아니었다. 그러던 어느 날 운 좋게 유목민 여인들을 만날 수 있었다. 그녀들은 우리 일행과 기념사진을 찍은 뒤 갑자기 손을 비벼댔다. '혹시 돈을 달라는 것인가?' 했는데 알고보니 화장품을 달라는 것이었다.

'먹고 살기도 힘들고 봐줄 사람도 없을 텐데 화장품은 왜 달라는 것일까?'하며 속으로 궁금했지만 그것이 곧 '예뻐지길 바라는 여자들의 본능적인 욕구' 때문이라는 것을 알게 되었다.

그렇다면 과연 화장품은 티베트 유목민 여인들의 소박한 바람을 해결해줄 수 있는 것일까?

## 피부는 왜 탈까?

사진 속에 있는 티베트 여인은 피부가 검고 주름이 깊다. 이처럼 사람의 피부는 햇빛을 받으면 검게 변한다. 이는 피부 보호를 위해 인체가 방어를 하기 때문이다.

티베트에서 만난 여인들. 피부가 검고 주름이 깊다.

피부는 강한 자외선을 받으면 가

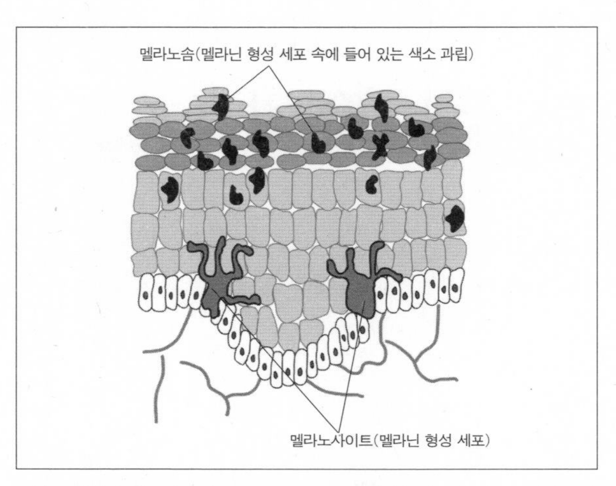


피부의 하단에 있는 피부세포(melanocyte)는 자외선을 받으면 색소 주머니를 만들어 핵 속의 유전자를 보호한다.

장 바깥쪽(표피)에 있는 피부세포의 유전자 구조가 변형을 일으킨다. 이때 몸속에 있는 유전자가 변하면 암이 될 수도 있다. 피부 세포의 유전자가 변해 생기는 암이 바로 피부암이다.

하지만 다행스럽게도 인체는 그렇게 쉽게 공격을 당하지 않는다. 피부는 자외선 공격을 받으면 바깥쪽 피부세포의 유전자를 보호하기 위해 급하게 멜라닌이라는 검은 색소의 방어 물질을 만든다. 이 멜라닌 색소는 아프리카 얼룩말이 사자로부터 어린 망아지를 보호하기 위해 둥그렇게 원을 만드는 것처럼, 피부에 강한 자극이 있을 때 피부세포의 유전자가 있는 핵을 동그랗게 둘러싼다. 또한 피부의 기능 중에는 유전자가 손상되었을 때 원상태로 돌려놓는 유전자 회복 장치와 자외선에 의해 생기는 해로운 물질을 없애는 항산화 장치 등이 있다.

자외선에 노출되거나 외부로부터 강한 스트레스를 받으면 피부에는 활성산소라는 해로운 물질이 생긴다. 이는 우리 몸의 세포를 부수는 매우 위험한 존재로 호흡 과정에서 몸속으로 들어간 산소와는 다른 성질을 나타낸다.

예를 들어, 42.195km를 달리는 마라토너는 숨쉬기를 통해 산소를 들이마시고 그 산소는 허파를 거쳐 혈관 속에 있는 헤모글로빈으로 옮겨진다. 그리고 다시 세포로 전달되어 세포 내 많은 반응에 참여한다. 이때 산소가 참여하는 반응은 무언가를 태우는 산화작용이다. 마라토너는 이 산화작용을 통해 나오는 에너지로 달린다.

그런데 문제는 세포 내에서 사용되는 산소의 5% 정도가 완전히 연소되지 않고 활성산소를 만들어내는 데 쓰인다는 것이다. 완전하게 연소가 되면 이산화탄소와 물이 생기지만 불완전하게 연소가 되면 활성산소가 생긴다. 그리고 인체에 해를 입히는 활성산소를 없애지 못하면 인체는 병들게 된다.

피부 역시 마찬가지다. 가장 직접적으로 해를 입는 곳이 바로 콜라겐 같은 단백질이 있어 피부를 탄력적으로 만드는 진피층(표피와 함께 피부를 형성하는 조직)이다. 이 진피층이 손상되면 피부에 주름이 생긴다. 그러나 그리 큰 걱정은 하지 않아도 된다. 인체에서 활성산소를 제거하는 시스템이 작동하기 때문이다. 세포의 발전소 역할을 하는 미토콘드리아에서 발생된 항산화(스스로 산화되어 다른 물질의 산화를 막는 것) 효소가 활성산소를 인체에 무해한 물질로 전환시키는 것이다.

항산화 효소 중에는 SOD(슈퍼옥사이드 디스뮤타제)처럼 조직적으로 팀을 이뤄 활성산소를 없애는 물질도 있고, 코엔자임큐텐 글루타치온처럼 개별적으로 활성산소를 제거하는 물질도 있다.

우리 몸은 이렇듯 항산화 효소와 항산화 시스템이 든든하게 지키고 있다. 따라서 우리 몸이 병에 걸리느냐 아니냐는 우리 몸의 방어 체계가 얼마나 튼튼한가에 달려 있다.

## 피부를 보호하는 항산화 시스템

피부는 외부로부터 끊임없이 공격을 당한다. 그 대표적인 주범이 바로 자외선이다. 자외선에 들어 있는 활성산소를 빨리 제거하지 않으면 피부는 축축 늘어지고 검게 변한다. 그래서 피부는 자외선을 받아 활성산소가 발생되면 피부세포에게 위험 상황을 알리는 신호를 보낸다. 그러면 피부는 검은색의 멜라닌 색소를 만들어 유전자와 세포 안의 물질을 보호한다.

그런데 한 가지 알아야 할 것은 자외선이나 이로부터 생긴 활성산소 같은 유해물질이 피부의 아래쪽에 있는 세포에게도 전달된다는 사실이다. 그래서 피부를 탱탱하게 유지하는 콜라겐이나 엘라스틴 같은 단백질까지도 분해시킨다. 그 결과 피부에 주름이 생긴다. 이것이 반복되면 주름도 깊어진다. 하지만 너무 걱정할 필요는 없다. 얼굴에 항산화제를 공급해 피부세포를 건강하게 만들면 된다.

얼굴에 항산화제를 공급하는 방법은 항산화제가 많이 포함되어 있는 녹차가루 등을 이용해 팩을 하는 것인데 날마다 팩을 하기란 쉽지 않다. 그래서 사람들은 얼굴에 화장품을 바른다. 여기에서 나아가 피부를 보호하고 건강하게 만들어주는 기능성 화장품(특히 피부 노화 방지 화장품)을 사용한다. 기능성 화장품은 피부를 보호하는 것에 중점을 둔 제품이기 때문에 항산화제가 많이 들어 있다.

그런데 우리의 몸이나 동·식물에 존재하는 항산화제는 그 양이 매우 적다. 따라서 인체나 동·식물에서 항산화제를 추출해 화장품을 만들게 되면 그 가격이 매우 비싸진다. 그래서 과학자들은 효모와 같은 미생물에 피부를 보호하는 항산화제 물질이 들어 있다는 것을 알아내고 그것을 다량으로 만들어내는 기술을 개발했다. 이로써 기능성 화장품의 세상이 열리게 된 것이다.

항산화제를 화장품에 넣으려면 매우 수준 높은 기술력이 있어야 한다. 항산화제는 다른 것의 산화 방지를 위해 스스로 산화하기 때문에 매우 불안정한 상태이다. 그래서 리포솜이나 나노기술을 이용해 불안정한 항산화제(예를 들면 비타민C 같은 것)를 둘러싼다. 이를 통해 공기와 접촉해서 산화하는 것을 방지하거나 피부에 침투하기 쉽게 만드는 것이다.

## 과학을 만나 새롭게 탄생한 기능성 화장품

피부에는 수많은 땀샘이 있어 끊임없이 열을 밖으로 배출하고 스스로 보호하는 기능을 갖고 있다. 또 벽돌과 시멘트 같은 물질을 이용해 피부의 가장 바깥쪽에 0.1mm 정도 되는 장벽을 만든다.

이 장벽은 어떤 물질도 쉽게 통과하지 못할 만큼 견고하다. 물도 쉽게 빠져나가지 못한다. 그래서 피부에 습기가 유지되고 건강함이 유지된다. 피부는 항산화시스템을 가동시켜 해로운 물질을 없애고 콜라겐이나 엘라스틴 같은 물질로 피부를 탱탱하게 유지시킨다.

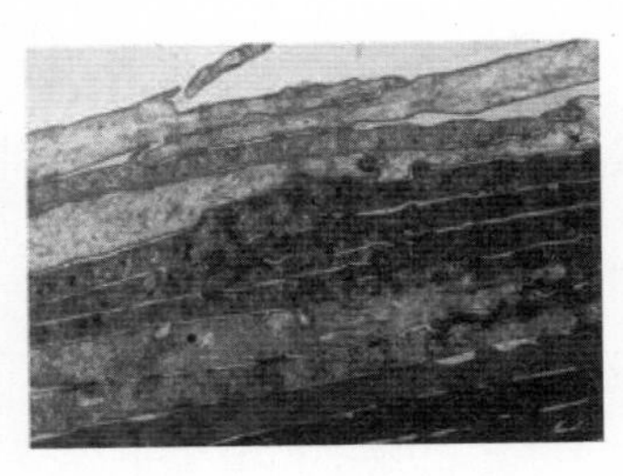

피부 최외각의 모습. 벽돌과 시멘트로 만들어진 담벼락 같다.

과학자들은 이러한 피부 구조의 정교함을 이용해 기능성 화장품을 만들어냈다. 로레알이 세계 최고의 화장품 회사로 우뚝 설 수 있었던 것은 3,000명이 넘는 과학자들이 인간의 피부를 연구하고 좋은 화장품을 만들기 위해 노력했기 때문이다.

이제 화장품은 수천 년 전 이집트에서 예쁘게 치장하고 단순하게 꾸미던 것에서 발전해 피부를 보호하고 주름을 개선하는 기능성 화장품으로 발전하고 있다. 앞으로도 아름다움을 추구하는 인간의 욕망이 지속되는 한 화장품의 개발은 꾸준히 이어질 것이다. 다만 앞으로는 자연 친화적이면서도 기능성이 뛰어난 화장품을 만드는 데 좀 더 노력을 기울여야 할 것이다.

## tip

### 화장품 속의 비타민C

비타민C는 아주 좋은 항산화제이다. 게다가 합성도 가능해서 지금 팔리고 있는 대부분의 비타민C는 합성으로 만들어진다. 이런 비타민C를 피부에 공급하면 좋다. 그런데 문제가 쉽지 않다. 비타민C는 항산화제로 스스로 산화가 된다. 자기 몸을 희생하여 다른 것이 산화되는 것을 막는 살신성인 정신이 모든 항산화제의 살아가는 방식이기 때문이다. 그래서 공기 중에 놔두면 산화가 쉽게 된다.

비타민C는 산소와의 접촉을 차단해야 화장품에 사용할 수 있다. 이를 위해 리포솜으로 뒤집어씌우면 이중의 막으로 산소의 접촉을 막을 수 있다. 또 한 가지 방법은 비타민C에 다른 물질, 예를 들어 지방산의 긴 사슬을 붙이는 것이다. 이렇게 되면 훨씬 안정화가 되고 피부 침투가 쉬워진다.

자연에서 발견한 위대한 아이디어 30

# Part 5
# 인류의 미래, 해답은 자연에 있다

지구온난화 방지를 위한 여러 가지 방안이 연구되고 있다.
그러한 가운데 우리가 기댈 곳은 태양에너지뿐이라는 주장이 지배적이다.
만약 식물들의 광합성을 대신할 수 있는 인공광합성 장치가 개발되어 나무를 대신할 수 있다면 어떨까?
어쩌면 지구온난화의 위기를 해결할 수도 있지 않을까?

# 흰개미 집의 건축학개론
# 이스트 게이트 센터

서울 시내가 갑작스러운 정전으로 대혼란에 빠진 적이 있다. 무엇보다 이러한 정전 사태는 한여름에 종종 발생하는데 그 이유는 전기 사용량이 이 시기에 급격하게 늘어나기 때문이다. 정전이 되면 시내 곳곳의 건물에 설치된 에어컨이 작동하지 않게 되고 건물 안은 순식간에 찜통으로 변한다.

에어컨을 켜는 데 드는 비용은 도시 전체 사용 전력의 30%를 넘는다고 한다. 그래서 에어컨 사용을 줄이려는 정부의 노력은 매년 계속되고 있다.

현재 우리나라의 전체 인구 중 50%가 도시에 거주하고 있다. 앞으로 이 수치는 더욱 증가할 것으로 보인다. 그에 비례해 전력 사용량 역시 어마어마하게 늘어나고 있는 추세이다. 그렇다면 이제 대도시에서도 에어컨 없이 지낼 수 있는 건축 기술이 필요하지 않을까?

놀랍게도 아프리카의 짐바브웨에 있는 이스트 게이트 센터는 이미 에어컨을 쓰지 않는 건축 방법으로 지어졌다고 한다. 더욱 놀라운 것은 그 방법이 자연에 있는 흰개미 집의 원리를 이용했다는 점이다.

## 자연의 건축가, 흰개미

미국에서는 이사를 할 때 그 집에 흰개미가 얼마나 많이 나타나느냐가 집을 구매하는 데 결정적인 요인이 된다고 한다. 나무를 갉아먹는 흰개미는 여간 골칫거리가 아니기 때문이다.

흰개미의 크기는 0.5cm 정도로 사람의 새끼손톱보다도 작다. 그러나 흰개미가 흙으로 짓는 개미집은 보통 그 규모가 1~3m 정도로 매우 크다. 또 돌처럼 단단해서 잘 부서지지도 않는다. 더욱 놀라운 사실은 한여름 바깥 온도가 35~40℃를 오르내릴 때에도 실내 온도는 30℃를 유지한다는 것이다.

흰개미 집을 모방한 이스트 게이트 센터.

연구자들은 이러한 흰개미 집의 온도 조절 방법에 대해 연구하기 시작했다. 그리고 이 같은 현상 뒤에는 흰개미들이 개미집 안에 버섯을 키우는 것과 관련이 있다는 사실을 알게 되었다. 버섯의 성장에 필요한 적정 온도가 바로 30℃였기 때문이다.

흰개미들이 버섯을 키우는 이유는 나무나 잎에 들어 있는 섬유소(cellulose)를 분해해 포도당 등으로 변환시켜 식량으로 삼기 위해서다. 그래서 일부 흰개미들의 장내에는 섬유소를 분해하는 미생물(주로 박테리아)이 산다.

또한 흰개미들이 키우는 버섯균(대부분 곰팡이류)은 흰개미들이 가져온 나무 조각이나 풀을 먹고 자란다. 그래서 흰개미 집 안에서는 버섯균과 나무 조각들이 뭉쳐 있는 모습이 종종 관찰된다. 나무 조각들은 식빵처럼 일렬로 늘어서 있는데, 한쪽에서 가져온 나무 조각이나 풀 등의 새로운 원료를 계속 붙인다. 버섯균이 그것들을 분해해나가면 흰개미들이 먹이로 사용한다. 이때 재미있는 것은 개미들이 버섯균을 먹이로 직접 먹는 경우는 있지만 나무 조각이나 이를 분해한 당을 먹는 경우는 극히 드물다는 것이다. 즉 흰개미들은 버섯균을 키워서 먹는다.

그런데 문제는 여기에서 열이 발생한다는 점이다. 생물체가 먹이를 분해하면 분해열이 발생하는데 흰개미 집 역시 버섯균에 의해 열이 발생한다. 그 열은 약 100와트(watt) 정도에 이른다. 마치 백열등 하나를 흰개미 집에 켜놓은 것과 같다.

흰개미 집에서 발생한 열은 공기를 위로 밀어 올린다. 이것을 '대류'라고 부르는데, 흰개미 집은 이러한 대류 현상으로 외부 공기가 실내로 들어오면서 공기가 순환하게 된다.

이런 내부 대사열 외에도 여름철의 더운 외부 공기로 인해 개미집

흰개미 집은 실내 온도가 늘 30도를 유지한다.

의 공기는 위로 움직인다. 위로 올라가는 공기 때문에 개미집의 아래 부분에서는 조그맣게 뚫린 구멍을 통해 공기가 안으로 들어온다. 아프리카의 짐바브웨가 고향인 건축가 마이크 피어스는 이러한 흰개미 집의 구조를 보고 그 원리를 실제 건축에 적용시켜 수도인 하라레에 세계 최초의 자연 냉방 건물인 이스트 게이트 센터를 세웠다.

## 에어컨 없이도 시원한 건물

이스트 게이트 센터는 흰개미 집을 모방한 건물이다. 그래서 에어컨 없이도 더운 여름을 잘 보낼 수 있다. 외부에서 들어오는 햇빛과 내부에서 발생하는 열 등으로 건물이 뜨거워지면 뜨거워진 공기가 팽창하면서 밀도가 작아져 위로 올라가고 위에 있던 공기의 밀도가 커지면서 아래로 내려오는 대류 현상이 생긴다.

그뿐만이 아니다. 건물과 건물이 연결된 사이에 공간을 마련해 약한 바람을 공급하면서 공기의 순환을 돕는다. 그래서 이스트 게이트 센터는 에어컨 없이도 항상 24℃가 유지된다. 또한 같은 크기의 다른 건물에 비해 전력도 10%만 사용해 연간 350억 원에 이르는 비용 절감의 혜택을 누리고 있다. 덕분에 이스트 게이트 센터의 임대료는 주위 건물보다 20%나 저렴하다고 한다.

흰개미들은 개미 집에 있는 공기구멍을 열고 닫으면서 공기의 흐름을 조절한다. 흰개미 집 구조는 외부로 열려 있는 공기구멍 외에도 아주 작은 구멍들이 촘촘하게 나 있는데 이런 미세한 구멍들이 외부와의 공기 순환을 돕는다. 또 개미집 안에서 발생하는 이산화탄소 등의 대사물을 바깥으로 내보내는 역할을 하기도 한다.

흰개미 집에는 재미있는 특징이 하나 더 있는데 개미집의 온도가 주변의 땅속 1m 아래의 온도와 비슷하게 유지된다는 점이다. 땅속의 온도는 외부의 온도와 달리 큰 변화가 없다. 그 이유는 일종의 열 저장고 같은 역할 때문이다(김장 김치를 추운 겨울 동안 땅속에 묻어놓아도 김칫독이 얼지 않는 이유는 이 때문이다).

흰개미 집은 주변에 또 다른 작은 개미집이 생기고 그것이 점점 퍼져나가는 듯한 모양을 하고 있다. 이러한 조그만 개미집은 본체와 지하로 연결되어 있으면서 공기의 순환에 큰 도움을 주고 있다.

## 자연에서 배우는 미래의 건축술

얼마 전, 월악산에 사는 하늘다람쥐가 말벌 집에 살고 있는 모습이 포착되었다. 말벌 집은 하늘다람쥐가 한겨울을 무사히 보내기 위해 선택한 곳으로 원래 하늘다람쥐는 근처에 있는 다른 다람쥐 집에서 겨울을 보냈다. 그런데 그것이 여의치 않았던지 하늘다람쥐는 바위에 붙어 있는 말벌 집을 겨울을 나기 위한 장소로 택한 것이다.

말벌 집의 구조를 자세히 살펴보니 하늘다람쥐가 추운 겨울을 따뜻하게 보내기에 딱 알맞은 펄프 재질로 만들어져 있었다. 그래서인지

월악산에서 발견된 말벌 집에 사는 하늘다람쥐. 말벌 집은 펄프 재질로 만들어져 보온력이 우수한 생체 모방 건축의 사례로 실제 건축에 적용 가능하다.

보온 효과가 매우 뛰어났다. 만약 그 모양을 그대로 건축 기술에 적용할 수 있다면 에너지를 많이 사용하지 않고도 따뜻한 겨울을 보낼 수 있는 건물을 만들 수 있을 것이다.

봄을 알리는 제비도 주로 건물의 외벽에 집을 짓는데 그 재료가 조그만 나뭇가지, 나뭇잎, 흙 등이 전부일 정도로 간단하다. 그런데 신기한 것은 자신의 침을 접착제로 이용해 집을 짓는다는 것이다. 또한 제비는 부리로 진동을 주면서 집을 짓는데 이것은 건축 현장에서 콘크리트를 부은 후 진동을 주어 강도를 높이는 것과 같은 원리다. 그래서 제비집은 어떤 건물의 벽에 지어도 튼튼하게 잘 버틴다.

지금도 수많은 동물들이 자연에서 집을 짓는다. 그리고 그 집들은 각 동물들이 살아남기에 적합한 구조로 발전되어왔다. 따라서 흰개미 집의 냉방 원리를 보고 이스트 게이트 센터를 지었듯, 이제는 말벌 집의 구조를 본떠 난방이 필요 없는 따뜻한 집을 지을 수도 있을 것이다.

이처럼 자연에서 사는 다른 동물들의 집 구조를 응용하다 보면 새로운 건축술을 발견할 수 있다. 그렇게 되면 1년 내내 에너지를 사용하지 않아도 되는 건물을 지을 수도 있지 않을까?

## 생체 모방 건축이란?

현재까지 친환경 건축의 대표적인 예가 태양열을 이용하여 전력을 생산하고 난방을 하는 차원이었다면, 최근에는 이를 뛰어넘는 실험적 건축 설계가 등장하고 있다. 바로 자연이나 생태계로부터 얻은 아이디어를 바탕으로 실제 건축에 활용하는 생체모방 건축이다.

건축 분야에서 이처럼 생체 모방이 시작된 것은 최근의 일이 아니다. 1987년 프랑스의 건축가들이 파리에 세운 '아랍세계연구소'는 눈의 홍채, 즉 카메라의 조리개를 본뜬 건물이었다. 또한 영국의 건축회사 그림쇼는 딱정벌레의 신체가 바깥 온도보다 차가운 사실에 착안하여 자연 친화적인 해수 담수화 시설을 만들었다.

화석연료의 고갈과 자연의 소중함에 대한 경각심이 날로 높아지면서 인간과 자연이 공존할 수 있는 건축술에 대한 연구는 활발히 진행되고 있다. 이는 미래 건축술의 발전을 앞당기는 데 많은 기여를 하고 있다.

27

미래 에너지의 아이디어를 얻다

# 인공광합성

남아메리카 상공에서 바라본 아마존 밀림은 그 크기가 실로 대단했다. 비행기로 한 시간이 넘게 날아가는 동안 온통 녹색으로 펼쳐진 광경에 마음이 절로 상쾌해지는 것 같았다. 하지만 그 풍경을 바라보던 나는 이내 가슴이 아팠다. 중간 중간 산림이 없는 곳이 보였기 때문이다. 밀림 한 가운데 건물들이 들어서 있고, 건물들을 연결하는 도로가 줄을 그어놓은 것처럼 열대우림을 가로질러 커다란 마을과 큰 도시로 연결되어 있었다.

아마존 밀림은 그 크기가 한반도의 35배에 달하는데 지구의 산소 중 20%가 이곳에서 만들어진다고 한다. 과연 '지구의 허파'라고 불릴 만하다. 그러나 매일 축구장 면적의 100개에 달하는 크기가 농장이나 도로 건설 등으로 사라진다고 한다. 이 속도라면 50년 후에는 아마존 지역의 밀림은 물론, 지구 전체의 30%에 해당하는 동·식물이 거의 사라질지도 모른다. 이것은 지구가 점점 더 더워지고 있는 이유이기도 하다.

현재 지구온난화 방지를 위한 여러 가지 방안이 연구되고 있다. 그러한 가운데 우리가 기댈 곳은 태양에너지뿐이라는 주장이 지배적이다. 만약, 식물들의 광합성을 대신할 수 있는 인공광합성 장치가 개발되어 나무를 대신할 수 있다면 어떨까? 어쩌면 지구온난화의 위기를 해결할 수도 있지 않을까?

## 태양에너지를 이용한 자연광합성의 신비로움

모든 자연의 순환은 거대한 온실인 지구 안에서 이뤄진다. 그 과정에서 식물의 역할은 매우 중요하다. 우리가 매일 먹는 밥 속의 탄소는 몸속에서 분해되어 무기물인 이산화탄소로 연소된다. 마치 자동차가 유

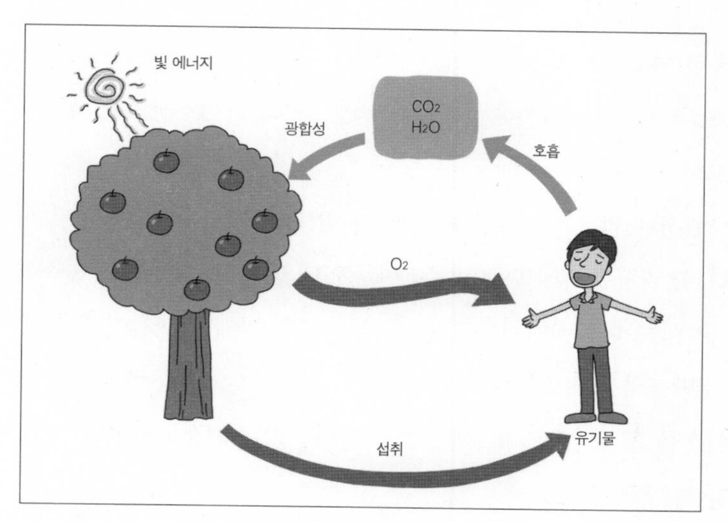


지구의 탄소 순환 과정.

기물인 휘발유를 산화시켜 무기물인 이산화탄소로 내뿜는 것과 같다. 자동차의 경우엔 이런 현상을 '산화' 혹은 '연소'라고 부른다. 그리고 사람의 경우엔 '호흡'이라고 부른다. 사람이 숨을 쉬는 것은 몸속 산화에 의해 생긴 이산화탄소를 세포와 허파 밖으로 내보내는 반응이라고 할 수 있다.

공기 중의 이산화탄소는 식물의 광합성에 의해 다시 나무의 섬유소나 감자의 녹말로 전환된다. 이산화탄소의 탄소가 녹말의 탄소로 순환된 것이다. 바꿔 말하면 낮은 에너지의 이산화탄소가 높은 에너지의 녹말로 저장된 것이다. 따라서 이것은 광합성의 결과이며 녹말에 에너지가 저장된 것이다. 이처럼 광합성은 지구의 탄소 순환에 매우 중요한 역할을 한다(이렇게 보면 우리가 지금 먹고 있는 빵 속의 탄소는 오래 전 공룡의 뒷다리 뼈에 들어 있던 탄소인지도 모른다. 탄소는 순환하고 있기 때문이다).

광합성은 밝음과 어둠, 즉 명(明)과 암(暗)의 두 단계 반응으로 되어 있다. 명반응은 빛이 관여하는 반응으로 빛에너지를 다음 반응에도 쓸 수 있는 화학에너지로 만든다. 암반응은 빛에서 만들어낸 에너지, 즉 명반응의 결과인 화학에너지 같은 고에너지 물질을 써가면서 이산화탄소를 포도당으로 만든다. 공기 속의 이산화탄소를 빵으로 만드는 일을 하는 셈이다.

빛에너지를 화학에너지로 만드는 명반응과 화학에너지를 포도당으로 만드는 암반응은 모두 식물세포에 들어 있는 조그만 공장인 엽록체에서 일어난다. 식물세포에는 아주 작은 크기의 엽록체가 세포 하나당 100개 정도 들어 있다. 그 엽록체가 백만 개 모이면 손톱 크기 정도가 된다.

각각의 엽록체는 하나의 공장이라고 할 수 있다. 말하자면 나뭇잎은 밀가루보다도 작은 아주 미세한 공장들이 빽빽하게 들어차 있는 공단에 비유할 수 있다.

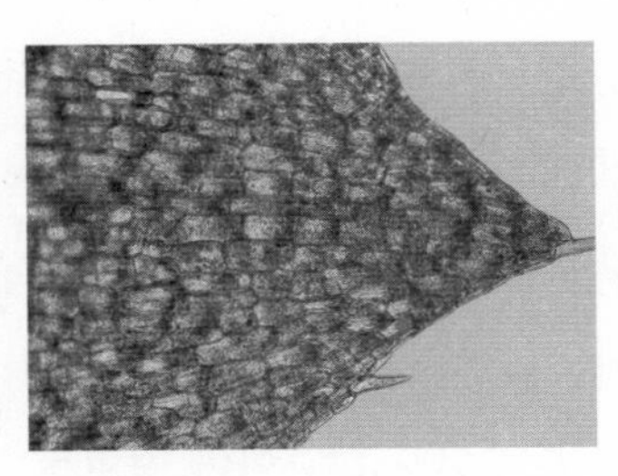
현미경으로 들여다 본 엽록체의 모습.

나뭇잎은 잎 속 엽록체 안에 들어 있는 엽록소에 의해 녹색으로 보이게 된다. 좀 더 자세히 말하면 색깔을 결정하는 엽록소는 빛의 빨강색과 파란색의 파장을 흡수하고 녹색은 반사하기 때문에 잎의 색깔을 녹색으로 보이게 하는 것이다. 나뭇잎은 이 두 가지 광선을 흡수하고 이 광선이 가진 광에너지를 이용해 물을 분해한다. 그리고 이때의 광에너지는 물을 분해하는 과정에서 발생한 전자에 옮겨지고 그 전자를 옆의 분자에 차례대로 전달하면서 전자에너지를 에너지가 충만한 화학물질로 만든다.

이 과정은 수력발전과 비슷하다. 즉, 빛에너지로 생긴 전자를 태양에너지를 이용해 댐 위로 끌어올리고 댐 위에 있던 전자들이 마치 물처럼 아래로 흘러내려오면서 중간 중간에 있는 여러 개의 발전기를 이용해 높은 에너지를 가진 화학물질인 화학에너지(NADPH)나 ATP(아데노신3인산. 모든 생물의 세포 속에 존재하여 에너지 대사에 관여한다)로 만든다. 다만 수력발전소의 최종 생산품이 전기인데 반해 광합성의 최종 생산품은 전기가 아닌 고에너지 화학물질이라는 점만이 다를 뿐이다.

명반응은 태양전지와 원리가 비슷하다. 태양전지는 광촉매 등을 이용해 태양에너지로 전기를 발생시키는 것인데, 광합성 작용에서는 엽록소가 태양전지의 물질 역할을 한다.

이때 광합성의 효율은 태양전지보다 낮다. 그 이유는 여러 가지가 있다. 그 대표적인 예로 식물은 자기한테 필요한 태양에너지만 잡는다. 잎의 모든 표면에서 태양빛을 모두 잡으면 잎은 더워서 죽어버리게 된다. 또한 잎은 자신이 잡은 에너지를 다른 형태의 에너지인 화학물질로 전달시켜야 하는데, 한 형태에서 다른 형태로 에너지가 바뀌면서 에너지 전달 효율이 떨어진다. 그래서 빛에너지를 화학에너지로 만드는 명반응은 그리 효율적이지 않다. 전달 과정에 에너지 차이가 큰 반응은 그로 인한 에너지 손실도 크기 때문이다. 하지만 명반응 과정에서 만들어진 고에너지 물질을 이용해 이산화탄소로부터 포도당을 만드는 암반응 과정은 다르다. 수많은 일꾼들이 중간 중간 반응에 참여한다. 그래서 효율이 좀 더 높다.

## 인공광합성으로 에너지와 식량 위기를 해결하다

이산화탄소는 사람의 호흡에 의해 나오기도 하지만 공장에서 보일러를 돌릴 때도, 사람들이 자동차를 운전할 때도 나온다. 공장이 많아지고 에너지 소비가 늘면서 이산화탄소는 점점 증가하고 지구는 온실안처럼 더워지고 있다. 그래서 남극의 빙산이 녹는 지구온실효과가 생겨난 것이다.

연구자들은 이를 해결하기 위해 자연광합성에 눈을 돌리게 되었다. 광합성은 지구온난화와 에너지 위기라는 골치 아픈 문제를 동시에 해결할 수 있는 매력적인 반응이기 때문이다.

지구의 모든 에너지는 태양에서 비롯된다. 핵융합 반응이 태양을 모방한 것이라면, 인공광합성은 자연광합성을 모방한 것이다. 인공광합성은 태양에너지를 이용하려는 세 가지 방안 중 하나이다.

첫 번째가 태양열을 전기로 바꾸는 태양전지 장치다. 지붕 위나 햇볕이 강한 사막 등에서 흔히 볼 수 있는 태양전지판이 그 대표적인 예다.

두 번째는 태양에너지를 광촉매로 이용해 물을 분해하여 산소와 수소로 변환시킨 후 수소를 사용하는 연료전지를 이용한 방법으로 전기를 발생시키는 것이다.

세 번째는 태양에너지를 광촉매로 이용해 물을 분해시키고 그것에서 발생한 전자를 고에너지 물질에 저장한 후 이를 사용해 메탄올과 같은 기초 화학 원료를 만드는 것이다. 이 반응이 자연광합성과 가장 유사한 방법이다.

인공광합성이 자연광합성과 다른 점이 있다면 빛을 잡는 것이 엽록소가 아닌 광촉매라는 것과 그 에너지로 포도당이 아닌 메탄올을 만든다는 것이다. 그 이유는 포도당을 만드는 과정이 너무 복잡하기 때문에 좀 더 간단한 화합물로 만들어 다른 물질의 초기 원료로 쓰기 위해서다.

그렇다면 인공광합성은 자연광합성에 비해 효율이 어떨까? 연구 결과 아직은 인공광합성이 자연광합성을 따라가지 못한다. 그러나 명반응, 즉 에너지를 잡는 효율에서는 광촉매를 이용한 부분이 엽록소보다는 좀 더 많은 태양에너지를 잡을 수 있다.

식물이 태양에너지를 잡는 효율이 낮은 이유는 정확하게 알 수 없지만 앞서 식물이 너무 많은 에너지를 잡을 경우 열이 발생해 잎이 다 타버릴 수 있기 때문이라고 말했다. 식물은 많은 에너지를 생산하는 것이 목적이 아니라 본인의 생존에 가장 적합한 방향으로 태양에너지를 이용하게끔 진화했기 때문이라는 학설도 이 같은 추측을 뒷받침한다.

식물은 태양빛 중에서 눈에 보이는 가시광선 계열 중에 빨강과 파랑의 두 가지 파장만을 흡수한다. 그러므로 이것을 근거로 계산해 보면 잎에 도달하는 태양에너지의 11%가 광합성 과정에서 포도당으로 변할 수 있다. 하지만 잎에서 반사되는 빛도 있어 실제로는 3~6% 정도만 포도당으로 변한다고 보면 된다.

인공광합성은 암반응, 즉 잡은 태양에너지를 유기물질로 변화시키는 단계의 효율이 매우 낮아 현재 기술로는 자연광합성 효율의 1/100에도 미치지 못하고 있는 것으로 밝혀졌다. 그래서 연구자들은 현재의 0.1% 효율에서 수년 사이에 3%로 올리는 데 그 목표를 두고 있다.

## 인공광합성, 미래의 지구를 지킬 수 있을까?

현재 인간은 태양에너지의 극히 일부분만 사용하고 있다. 그러므로 태양빛을 잘 잡을 수 있는 방법을 개발하는 것이 중요하다. 식물이 태양열을 이용해 감자를 만드는 효율을 두 배로 높일 수만 있다면 우리는 현재 생산하고 있는 식량의 두 배를 만들 수 있기 때문이다.

또한 굳이 기름을 사용해 온실가스를 증가시키면서 지구의 온도를 높이지 않아도 된다. 태양이 주는 에너지를 두 배로 잘 잡아서 감자를 두 배로 수확하고 그 감자로 알콜인 에탄올을 두 배로 만들어 자동차를 굴러가게 하면 된다. 이산화탄소를 원료로 광합성을 한다면 이것이야말로 완전한 '자원의 순환'이라고 할 수 있다.

자연에는 녹색 잎이 아닌 다른 색으로 광합성을 하는 생물도 있다. 바로 바다 속 생물들이다. 바다의 깊이가 깊을수록 통과하는 빛의 파장은 변한다. 예를 들어 갈색조류인 다시마 같은 해조류는 육지식물이 흡수하지 않는 파장인 녹색을 흡수한다. 그렇다면 태양열을 두 배로 사용하는 방법으로 녹색식물에 해조류의 광합성 영역을 더하게 되면 어떻게 될까? 실제로 이 기술은 향후 10년 안에 이룰 수 있을 것으로 보인다.

식물은 나름대로의 생존 목적이 있다. 그래서 유전공학을 이용해 그들을 강제로 변화시키는 것은 여러 가지 문제를 일으킬 수 있으므로 식물의 원리를 정확히 파악해 인공적으로 광합성을 할 수 있는 방법을 찾아야 한다. 그렇게 된다면 식물들이 여러 종류의 빛을 받아들일 수 있는 능력을 광촉매나 태양전지의 집광 장치에 적용하고, 포도당을 만드는 능력을 광촉매와 연결시켜 좀 더 쉽게 포도당을 만들어낼 수 있을 것이다.

앞으로 자연광합성을 모방한 인공광합성은 인간이 도전할 만한 가장 고도의 기술이자, 지구를 살리는 궁극적인 해결책이 될 것이다.

## ATP(Adenosine 3-Phosphate)는 세포의 현찰?

집에는 현찰이 있어야 한다. 급한 일이 생기거나 당장 써야 하는 경우에도 현찰이 최고이다. ATP는 세포 내에서 현찰과 같은 역할을 한다. 세포 내에 에너지를 써야 하는 일에는 대부분 ATP가 사용된다. 그렇기 때문에 ATP를 다 쓰고 난 뒤에는 반드시 채워놓아야 한다.

세포가 정상적인가 그렇지 못한가를 구분하는 방식 중의 하나는 세포 내에 얼만큼의 ATP가 있는가를 측정하는 것이다. 세포 내의 현찰인 ATP가 충분할 경우, 음식으로 섭취되거나 광합성으로 얻은 에너지는 적금처럼 쌓인다. 그러나 ATP가 부족할 경우 글리코겐이나 지방 등에 쌓아둔 적금은 분해되어 정상적인 수준을 유지하는 데 쓰인다. 하지만 적금을 깨서 현금화하는 데 시간이 걸리듯 이를 사용하는 데 시간이 걸리므로 인체는 늘 ATP를 유지하기 위해 애를 써야 한다. 현금인 ATP를 늘 충분히 가지고 있어야 세포가 원활하게 일을 할 수 있기 때문이다.

# 클로렐라, 바다가 준 위대한 선물
# 바이오 에너지

불과 30년 전만 해도 동네에는 목욕탕이 한두 개뿐이었다. 그곳은 아주 특별한 날, 예를 들어 추석이나 설날 전날에나 다녀올 수 있는 곳이었다. 일종의 명절 선물이었던 셈이다.
내가 좀 더 어렸을 때는 커다란 솥단지처럼 생긴 목욕통에 물을 받아 장작을 피웠다. 대가족이 데워진 물을 조금씩 양보하고 아껴가며 썼다. 불과 몇십 년 전까지만 해도 상황은 이렇게 열악했다.
그런데 과거와 비교해서 지금은 어떤가? 뜨거운 물을 마음 놓고 쓴다. 춥다고 외투를 꺼내 입을지언정 에어컨은 끄지 않는다. 어디를 가든 냉난방 시설이 잘 되어 있다.
그렇게 편안함에 도취되어 살다보니 사람들이 망각하는 사실이 있다. 뜨거운 물로 샤워를 하기 위해, 시원한 에어컨 바람을 쐬기 위해 중동 지역에 매장된 비싼 석유를 이용하고 있다는 사실을 말이다.

## 제주 감귤, 이젠 남해안에서도 볼 수 있다?

원유 값이 1배럴당 100달러를 넘어선 지 오래되었다. 이는 중동 국가들이 원유 값을 쥐락펴락하는 연료 정책과 내전으로 인한 불안 요인 때문이기도 하지만, 근본적으로는 연료 매장량이 한계에 닿았기 때문이다. 하지만 인간은 매일 연료를 뽑아 올려 사용하고 있다. 그러니 얼마 지나지 않아 땅속에 묻혀 있는 석유나 석탄이 바닥을 드러내게 된다면, 원유 값이 천정부지로 솟아오르는 것은 자명한 일이다.

최근 50년간 에너지 사용량을 나타내고 있는 그래프를 보면 입이

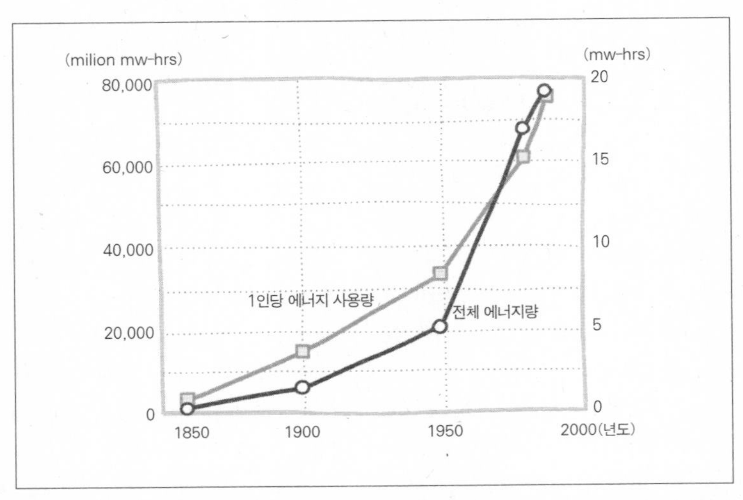


1850~2000년 전체 에너지량 대비 1인당 에너지 사용량의 비율 곡선. 최근 50년간 사용량이 급격하게 상승하고 있다.

벌어질 것이다. 이런 현상은 주위 상황을 봐도 충분히 설명된다. 인구가 폭발적으로 늘어나고 그만큼 개인이 소비하는 에너지 사용량이 증가했다.

그렇다면 지구상에서 스스로를 가장 똑똑하다고 생각하는 인간이 이러한 불편한 진실을 모르고 있을까? 대체에너지를 연구하는 기업의 주식을 발 빠르게 사지 않는 것은 뭔가 믿는 구석이 있어서일까? 아니면 미지근한 물에 들어간 개구리를 물의 온도를 서서히 올리면서 데워 죽이듯, 지구인 전체가 이러한 심각성을 느끼지 못하고 오만을 부리고 있는 것인가?

넓게는 지구, 좁게는 한반도도 이미 정상의 범주를 벗어난 부작용을 보이기 시작했다. 과거에는 감귤하면 제주, 사과하면 경북 영주를 꼽았다. 제주도 여행을 할 때마다 감귤이 노랗게 매달려 있는 농가를 둘러보는 일은 커다란 즐거움이었다. 하지만 이제는 남해안에서도 감귤을 재배할 수 있게 되었다. 지구온난화로 인해 한반도의 기온이 올라가면서 남해안 역시 제주도 같은 아열대 기후로 변하고 있는 것이다. 경상북도 지역에서 주로 재배되던 사과는 이제 강원도에서도 수확 가능한 품종이 되었다.

지구는 쉬지 않고 태우는 석유와 석탄으로 점점 더 더워지고 있다. 소위 지구온난화라 불리는 이 자연 재해의 원인은 화석연료를 태우면서 뿜어져 나오는 이산화탄소 등이 증가하면서 과거보다 더 많은 태양 복사열을 흡수하게 되었기 때문이다.

공장에서 뿜어져 나오는 시커먼 연기. 보는 것만으로도 숨이 막힌다.

지금껏 대기의 0.03%를 차지하고 있던 이산화탄소에 의해서 지구는 그동안 섭씨 15도를 유지해왔다. 덕분에 생물이 번식하고 생장하는 과정을 통해 인간은 대를 이어 삶을 영위할 수 있었다. 그런 면에서 이산화탄소 같은 가스는 지구를 적당히 데워주는 고마운 존재이다.

지구는 지구에 내리쬐는 태양열의 44%를 흡수한다. 지구 표면을 데운 열은 적외선 형태로 대기 중의 이산화탄소에 전달되어 일종의 온실 상태를 만든다. 지구가 정확히 온도를 유지할 수 있는 것은 이 때문이다.

하지만 그 평형이 조금씩 깨지고 있다. 원인은 이산화탄소 배출량이 증가하면서 지구가 더 많은 복사열을 잡게 되었기 때문이다. 산업화 이전 시대에 비해 45% 이상 늘어난 배출량은 대기 중의 이산화탄소 농도를 300ppm에서 380ppm으로 30%가량 증가시켰다.

## 지구온난화를 해결할 대체 에너지를 찾아라!

에너지 위기의 원인을 따져보면 급격한 인구 증가로 인한 1인당 에너지 소비율 증가를 들 수 있다. 즉, 전체 에너지의 사용량이 기하학적으로 증가했다는 사실이다. 이 문제는 원유 고갈 문제를 포함해 전 지구적인 환경 문제로 대두되고 있는 지구온난화를 촉발시켰다. 별개라고 생각했던 두 문제가 동시다발적으로 나타난 셈이다.

원인과 결과만 놓고 본다면 두 문제는 쉽게 해결될 수 있다. 이산화탄소, 더 정확히는 지구온난화 가스(Green House Gas)를 발생시키지 않고 에너지를 만들면 되기 때문이다. 더 좋은 방향은 이산화탄소를 모아서 에너지로 만드는 것이다.

지구는 하나의 거대한 온실이다. 비닐로 덮여 있는 밀폐된 공간이라고 보면 된다. 그 안에서 이산화탄소는 순환한다. 온실 안에는 나무도 있지만 사람도 있다. 사람이 뱉어낸 이산화탄소는 온실 안에 쌓이고 이것은 나무에 의해 광합성 작용에 쓰이게 된다. 나무가 만든 산소는 다시 나무의 영양분이 된다. 온실 내에서 탄소는 이산화탄소로 그리고 나무의 성분으로 다시 분해되는 방식으로 자연 순환되어왔다.

문제는 여기에 인간이 개입하면서 이산화탄소의 양이 점점 더 늘어난 데 있다. 비유적으로 표현한다면 인간이 온실 내에서 난로를 피우기 시작한 것과 같다. 늘어난 이산화탄소는 온실 내의 이산화탄소 농도를 증가시켰고, 온실 밖의 태양열을 더 많이 흡수하게 만들었다. 이것이 지구온난화의 주된 원인인 것이다.

물론 온실 내에 나무의 숫자를 늘린다면 이런 문제는 쉽게 해결할 수 있다. 하지만 지구의 허파라고 불리는 아마존의 열대우림이 사라지는 광경을 한 번이라도 본 적이 있는 사람이라면 그런 희망을 가지는 것이 헛된 일이라는 사실을 알게 된다.

나무 한 그루가 자라는 데 20년이 걸린다고 하니, 개발이라는 미명 아래 사라진 밀림을 복원하는 데 얼마나 많은 시간이 필요할까? 이런 추세로 가면 지구라는 온실 내에서 나무는 점점 더 줄어들고 이산화탄소는 점점 높아질 것이다.

그렇다면 문제의 해답은 역시 다른 에너지를 찾아야 한다는 것으로 좁혀진다. 우리가 자연의 순환 이치를 닮은 바이오 에너지에 눈을 돌리는 것도 그 때문이다.

## 원유를 대체할 다음 주자는?

2011년 3월 일본에서 일어난 쓰나미로 불거진 원전 사고는 원자력이 안전할 것이라는 생각을 단숨에 무너뜨리는 계기가 되었다. 지진을 견디는 건축에 있어서 만큼은 세계 최고라고 자부했던 일본이 쓰나미 한방에 원자력 발전소가 폭발해버리는 상황이 되었으니, 그동안 지진 안전지대라고 생각했던 우리나라도 더이상 원자력의 안전성을 장담하기 힘들게 되었다.

우리나라의 경우는 울산과 고리에 원자력발전소가 20기나 집중되어 있다. 그런데 일본과 가까운 그곳의 지반이 안전하다고 말할 수 있는 상황이 아니다. 비유적으로 말하자면, 달걀을 모아서 선반에 매단 격이라고 할 수 있겠다.

현재 운전 중인 원자로의 안전성도 문제지만 타고 남은 연료를 보관하는 일 또한 큰일이다. 한참 잘 타고 있는 연탄을 끄집어내어 밖에서 다 탈 때까지 기다려야 하는 형국인 것이다. 지하에 매장하면 혹 발생할지 모를 지진 등으로 핵폐기물이 누출될 수도 있다.

원자력과 관련하여 가장 먼저 해결되어야 할 조건이 바로 원자로의 안전, 핵폐기물의 안전한 보관에 있다. 우라늄의 비싼 가격도 문제다. 가격은 지난 7년 사이 무려 10~ 18배나 증가했다고 한다. 그뿐만이 아니다. 우라늄 역시 지하자원에 불과하다. 원유처럼 매장량에 한계가 있는 데다 일부 국가에만 집중되어 있는 희귀 자원인 것이다.

그렇다면 지구에 매장된 자원이 아닌 것 중에서 에너지원으로 쓸 수 있는 것은 무엇인가? 즉, 고갈되지 않고 계속 사용할 수 있는 에너지원을 꼽으라면 무엇을 들 수 있을까? 수력, 태양광, 마지막으로 바이오 에너지가 있을 것이다.

수력은 이미 포화 상황이다. 건설할 만한 곳에는 거의 다 건설했다고 보면 된다. 대규모 공사에 따른 비용과 지진 발생 시 취약하다는 단점도 발견되었다. 이에 비해 태양광은 공짜로 에너지를 얻는 것과도 같다. 하지만 태양열을 모으는 집열 장치, 넓은 부지를 사용하는 데만 원자력 생산 비용의 10배나 든다고 한다. 또한 태양이 늘 비추고 있어야 하는 기후 상황에 의존해야 하는 단점이 있다.

결국 원자력은 위험하고 태양열은 비싸다. 그럼 인간에게 남은 대체 가능한 에너지는 무엇이 있을까?

## 자연의 순환을 닮은 바이오 에너지

지구는 수만 년 동안 균형을 유지해왔다. 하지만 인간이 개입하면서 상황은 달라졌다. 나무를 베고, 석유를 퍼내어 공장을 돌리고 이산화탄소를 배출하면서 환경 문제를 야기한 것이다. 이 문제를 해결하는 근본적인 방법은 배출하는 이산화탄소를 줄이거나 발생된 이산화탄소를 이용하여 에너지를 생산하는 일이다.

가장 이상적인 방법은 지상에 있는 이산화탄소를 에너지원, 예를 들면 디젤 등으로 만드는 것이다. 이렇게만 된다면 지구온난화의 주범인 이산화탄소를 줄이고 에너지원도 확보할 수 있게 된다. 그러나 문제는 이와 같은 기술력이 받쳐줄 수 있느냐의 문제이다. 해답은 의외로 간단하다. 바로 식물의 광합성 작용을 모방하는 것이다.

예를 들어, 나무는 공기 중의 이산화탄소를 광합성을 통하여 녹말 등으로 저장한다. 즉 이산화탄소가 녹말로 바뀐 것이다. 그런 다음 녹말을 이용하여 다른 에너지를 만들면 된다. 나무와 같이 감자와 고구마도 모두 광합성을 한다. 감자의 녹말을 이용하여 고량주 같은 술을 만드는 것은 익히 알고 있을 것이다. 술의 주요 성분인 에탄올은 지금 브라질에서 자동차 연료로 쓰이고 있다.

감자, 고구마 등을 가지고 에탄올을 만드는 것이 식량 가격 상승의 문제를 일으킬 수 있다면, 숲 속의 나무나 강변의 갈대를 이용할 수도 있을 것이다. 흔히 말하는 바이오 에너지를 만드는 방법은 지구온난화, 대기오염 등을 해결할 수 있고 전체 에너지 소요의 28%에 해당하는 휘발유, 디젤 등 수송용 에너지와 태양광, 원자력 등으로 전기에너지를 생산하는 방법보다 쉽게 만들 수 있다.

물론 이러한 과정이 생각처럼 쉽지만은 않을 것이다. 우선 높은 가격이 문제가 된다. 나무나 갈대에서 에탄올을 만드는 과정이 복잡하고 만들어지는 비율도 그리 높지 않기 때문이다. 무엇보다 넓은 면적이 필요하다. 만약 콩을 심어서 여기에서 나오는 콩기름으로 디젤을 만들려면 우리나라 국토의 51%에 해당되는 부지에 모두 콩을 심어야 한다. 하지만 그 양도 우리나라에서 소비되는 디젤의 5%밖에 충당하지 못한다. 왜냐하면 콩이 자라는 데 시간이 걸리기 때문이다. 따라서 땅이 아닌 곳에서 쉽게 키울 수 있는, 그러면서도 광합성을 잘 하는 대체 에너지원이 필요하다. 이제 땅이 아닌 바다로 눈을 돌려야 할 때가 온 것이다.

수중 식물 역시 육상 식물처럼 광합성을 한다. 바닷속 미역, 다시마 등이 이에 해당된다. 또한 미세조류(광합성 색소를 가지고 광합성을 하는 플랑크톤 등 단세포 생물들에 대한 통칭)라고 불리는 식물성 플랑크톤 계열의 작은 생물도 포함된다. 우리가 건강식으로 먹고 있는 클로렐라도 이런 미세조류의 한 종이다. 이런 유익한 미세조류를 키우는 기술은 많이 발전되어 있어서 좁은 공간에서도 높은 농도로 키울 수가 있다.

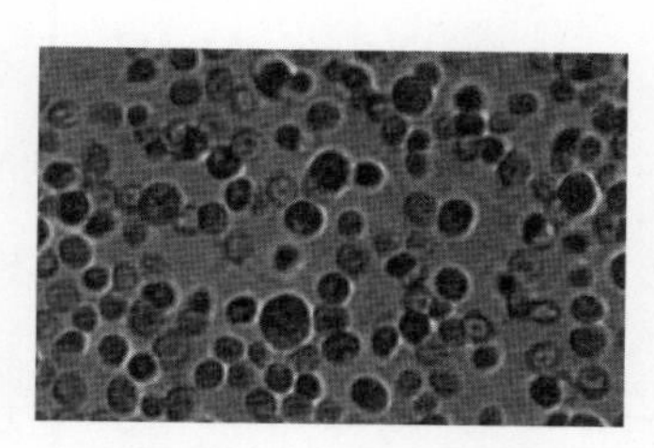
녹조식물 클로렐라과에 속하는 담수조류. 클로렐라의 몸속에는 엽록소가 다량으로 함유되어 있어 광합성 연구의 좋은 재료로 사용되어왔다.

또 하나 흥미로운 점은 어떤 미세조류는 광합성을 통해 얻은 대부분의 이산화탄소를 거의 모두 디젤의 원료를 만드는 데 쓴다는 것이다. 이런 미세조류를 바다에서 키운다고 가정해보자. 어마어마한 대체 에너지원을 생산할 수 있다는 이야기가 된다.

무더운 한여름에 바다에서 집중적으로 발생하는 자연재해 중에 적조현상이 있다. 적조현상은 바닷물에 미세조류의 주 영양분인 질소, 인 등의 농도가 높아지게 되면서 그 수가 급격히 증가하는 것을 일컫는다. 즉 미세조류는 쨍쨍한 태양을 에너지원으로 해서 공기 중의 이산화탄소를 자기 몸을 불리는 데 사용한다.

이런 적조현상의 원리를 이용하면 우리가 에너지원으로 필요로 하는 미세조류를 아주 높게 배양할 수 있다. 이를 위해 우리가 할 일은 별로 많지 않다. 이 생물체가 잘 자라도록 영양분만 공급해주면 된다. 이때 미세조류의 영양분은 바닷물에 흘러드는 오염 물질로 대신해도 된다. 그러면 진짜 들어가는 것이 없게 된다. 빛과 공기만 있으면 미세조류를 이용해 디젤을 만드는 시대가 오는 것이다.

오래전부터 인류는 에너지를 사용해왔다. 최근 연구 결과에 의하면, 인간이 불을 발견한 시점이 100만 년 전이라고 한다. 그때의 주 에너지원은 나무였을 것이다. 지금은 그 에너지원이 땅속에 묻혀 있던 원유로 넘어온 것일 뿐이다.

이제 미래를 책임질 새로운 에너지원을 개발할 때가 왔다. 앞으로 원자력처럼 안전을 담보할 수 없는 고위험 에너지에 의존하는 것은 어리석은 짓이다. 지구에서 계속해서 쓸 수 있는 에너지는, 즉 지속가능한 에너지는 태양열이다. 태양이 지구의 많은 생물체에게 영향력을 끼치는 과정 속에 대체 에너지원을 개발할 수 있는 아이디어가 숨어 있다고 할 수 있다.

## 미세조류란?

광합성을 하는 작은 조류(algae)로서 육상의 식물처럼 햇빛으로 광합성을 하는 수중 속 식물을 말한다. 미세조류는 박테리아처럼 단세포 형태로 성장한다. 또한 햇빛과 영양분만 있으면 대장균 같은 박테리아처럼 쉽게 성장하기 때문에 이를 상업적으로 응용할 수 있는 가능성이 높다. 최근에는 미세조류가 햇빛을 에너지원으로 하여 이산화탄소를 원료로 사용하여 디젤의 원료인 지질을 만들어내는 능력이 있는 것으로 밝혀졌다. 이는 이산화탄소를 감소시키기 때문에 지구온난화 문제를 해결할 수 있고, 또한 디젤의 원료로도 사용될 수 있으니 일석이조의 효과가 있다.

29

# 가장 자연적인 치유의 해법
# 인공 하수처리장

늦은 봄의 한강변으로 산책을 나간 적이 있다. 샛노랗게 피어 있는 개나리들 사이로 낚싯대를 드리운 사람들을 쳐다보다가 문득 그 옆의 경고 팻말에 쓰인 문구를 읽게 되었다. '떡밥을 사용해 낚시하지 마세요!'

떡밥이란 콩에서 기름을 눌러 짠 후에 나오는 찌꺼기를 말한다. 어릴 적엔 그 고소한 맛 때문에 가끔씩 떡밥을 떼어먹기도 했다. 그런데 왜 떡밥을 고기에게 주지 말라는 것일까?

이유를 알고보니 먹이로 쓰다버린 떡밥이 강물을 오염시키기 때문이라고 한다. 사람도 먹을 수 있는 떡밥이 왜 강물을 오염시킨다는 것일까? 강물에 들어간 떡밥이 무슨 문제라도 일으키는 것일까?

문제는 떡밥의 양에 있다. 물고기에게 떡밥을 너무 많이 주게 되면, 오염 물질을 분해하는 강물의 자체 정화 능력에 과부하가 걸리기 때문이다. 강물은 소량의 오염 물질이 들어오면 쉽게 분해시켜서 원래의 깨끗한 상태를 유지한다. 그러나 오염 물질의 양이 많아지게 되면 자체 정화 능력에 문제가 생기게 되고, 그 결과 오염이 되는 것이다.

그렇다면 강물이 오염되지 않게 하는 방법은 없을까? 여러 연구 끝에 사람들은 강물의 자체 정화 능력을 이용해 인공 하수처리장을 만들게 되었다.

## 거대한 자연 정화 장치, 한강

서울시의 수돗물인 '아리수'는 한강의 상수원인 팔당호에서 채취해 정수장을 거쳐 각 가정의 수도관으로 배달된다. 하지만 수돗물을 직접 먹는 집보다는 정수기를 이용해 생수를 먹는 집들이 많다. 서울시에서는 수돗물을 직접 마시는 것을 권장하며 한때 서울시장이 직접 마셔 보이기도 했지만 왠지 시민들은 수돗물을 마시는 것이 불안한 모양이다.

만약 강원도 설악산 계곡물을 서울의 수도관으로 연결해 사용한다면 사람들은 비싼 생수 대신 설악산 물을 식수로 마실지도 모른다. 그렇다면 서울의 한강 물은 설악산의 계곡 물과 무엇이 다른 것일까?

강을 비롯한 하천은 분해되어야 할 물질이 물속으로 들어오면 사람의 눈으로는 볼 수도 없을 만큼 작은 미생물들이 그 물질을 분해한다. 대략 1cc의 물속에 십만 마리 정도의 미생물이 살고 있다고 보면 된다.

이 미생물들은 물속에 들어오는 모든 유기물을 영양분으로 분해해서 성장하고 그 수도 점점 늘려간다. 만약 우리가 먹다버린 된장국이 한강으로 그대로 흘러가면 미생물들은 된장국에 들어 있는 유기물을 먹고 자란다. 우리가 버리는 유기물의 양이 많으면 많을수록 분해하는 미생물도 늘어나며 그들이 소비하는 산소도 늘어나게 된다.

오염 물질의 척도는 물속에 들어온 오염 물질이 얼마나 많은 산소를 얼마나 빨리 소비하느냐로 정해진다. 참고로 산소가 소비되는 정도를 BOD(Biological Oxygen Demand, 생물학적 산소 요구량)라고 하는데, BOD가 높다는 것은 물속에 산소를 소비할 것이 많은 강한 오염 물질이 들어 있다는 의미이다.

어떤 사람이 한강 상류에서 매일매일 오염 유기물을 버린다면 한강은 오염물의 양에 따라 산소가 계속 줄어들게 된다. 물속의 산소는 공기 중의 산소가 물속에 녹아들어 생기는데, 이때 아주 적은 양의 산소만이 물에 녹는다(공기 중의 21%가 산소지만 그 산소의 1/300만이 물에 녹는다. 그리고 물속 산소의 양이 1~2ppm 이하이면 물고기가 살지 못하는 죽은 강이 된다). 물속에 산소가 없는 상태에서 유기물이 계속 들어오면 물속은 산소가 없는 상황에서 분해가 일어나고 그 분해로 황화가스가 발생하면서 강에서 심한 악취가 난다.

불과 얼마 전까지만 해도 안양천은 여름이면 썩는 냄새가 진동했다. 악취 때문에 근처 상가에도 손님들의 발걸음이 뚝 끊겼다. 그런데 안양천 주변의 공장들이 폐수 처리 시설을 갖춘 후 무단 방류를 멈추자 악취는 사라졌고 물고기들도 다시 모여들게 되었다. 안양천으로 들어가는 유기물이 줄어들면서 산소 소비량도 줄었기 때문이다. 그것은 안양천이 원래의 하천이 갖고 있는 자기 정화 능력을 조금씩 회복하고 있다는 증거로 볼 수 있다.

한강이나 하천으로 흘러들어가는 물 중에는 가정에서 나오는 하수가 가장 많다. 그래서 대부분의 아파트에는 자체적으로 폐수 처리 시설을 갖추고 있다. 하지만 아직도 일반 주택이나 공장 등에서는 여전히 유기물이 포함된 하수가 그대로 한강이나 하천으로 흘러들어간다.

자연은 스스로 정화하는 기능을 갖고 있기 때문에 하천 안에 살고 있는 생물체는 산소를 소비하면서 유기물을 분해시켜 자연을 순환시킨다. 그래서 사람들은 이러한 미생물들의 자연정화 기능을 모방해 인공적으로 하수를 처리하는 기술을 발전시켰다.

## 강물의 자연정화 원리를 모방한 인공 하수처리장

누구나 한번쯤은 우리가 버리는 물이 도대체 어디로 흘러가는지 궁금해서 부엌 싱크대의 수챗구멍을 들여다본 적이 있을 것이다. 부엌이나 화장실에서 사용했던 물이 그대로 하천이나 한강으로 흘러갈 것이라고 생각하지는 않겠지만 우리가 사용했던 물이 어디에서 중간 처리를 하여 강으로 흘러가는지는 궁금했을 것이다.

우리가 맛있게 먹고 버린 된장국이 그대로 하천으로 들어가면 하천은 오염된다. 하천이 오염되는 것을 막으려면 된장국을 아예 버리지 않거나 된장국 안에 들어 있는 모든 유기물을 없앤 후 한강으로 보내야 한다. 그러나 이 두 가지 방법 중에 된장국을 버리지 않는 것은 불가능하므로 된장국에 포함된 유기물을 없애서 버리는 방법을 적용해야 한다.

아파트 지하에서는 각 가정에서 내려온 하수에 공기를 불어넣는다. 그러면 하수 안에 있던 미생물들이 산소가 있는 상황에서 유기물을 분해한다. 이때 하수 안에 있는 미생물들을 '오니(sludge)'라고 부르는데 이 오니들을 키워 하수 안의 유기물을 제거하는 방식을 '활성오니법(Activated sludge)'이라고 부른다.

대부분의 아파트 지하에서는 지금도 이 '활성오니법'을 사용해 아파트 안의 모든 하수를 처리한다. 우리나라 하수처리장의 90% 이상이 이 방법을 사용하고 있다.

활성오니법을 이용해 유기물을 제거하는 방법을 자세히 살펴보면 먼저 하수구에서 들어오는 물, 즉 '원수'라고 부르는 물 중에서 망을 이용해 찌꺼기를 걸러낸다. 이때 기계를 마모시키는 모래 등은 아래로 가라앉히고 알갱이들을 엉기게 하는 응집제를 넣어 오염 물질을 모두 엉기게 만든다. 그러면 물속에 있는 오염 물질이 대부분 제거된다. 그러나 아직도 많은 유기물이 여전히 물속에 녹아 있으므로 그 유기물은 미생물을 이용해 산화시켜 이산화탄소로 분해한다.

좌측 상단에서 들어온 하수는 모래 등을 이용해 가라앉힌다. 이후 네모난 탱크 내에서 공기를 공급하면서 하수 속의 유기물을 미생물들이 분해하도록 한다. 그 후 우측 하단의 동그란 연못에서 가라앉혀 한강으로 다시 내보낸다.

하수에 살고 있는 미생물들에게 공기를 넣어주면서 유기물을 분해시키는 단계는 활성오니법에서 가장 중요한 단계이다. 강물은 공기와 접촉하면서 산소를 받아들이지만 하수처리장은 인공적인 공기 펌프를 사용해 산소를 미생물들에게 공급해야 하기 때문이다. 따라서 이런 방식으로 오염물을 처리하는 하수처리장은 강물의 자연정화 원리를 그대로 모방해 만든 것이라고 할 수 있다.

## 한강이 설악산 계곡물처럼 되려면

하수처리장에서 아무리 자연정화 원리를 이용해 오염물을 처리했다고 하더라도 미처 제거되지 않은 질소, 인 등이 남아 있을 수 있다. 물속 미생물들은 하수의 유기물인 탄소, 질소, 인을 일정 비율로 먹고 자란다. 그런데 비율이 일정하지 않고 질소나 인이 많으면 그것은 그대로 한강으로 들어간다. 그러면 광합성을 하는 조류가 질소나 인을 영양분으로 흡수해 플랑크톤이 비정상적으로 번식하게 되고 수질이 오염되는 녹조현상이 생기는 것이다. 그러므로 이러한 문제의 원인이 되는 질소와 인을 없애기 위한 방식도 자연계의 원리를 이용해 해결해야 한다.

자연은 탄소, 질소, 인 등을 포함한 모든 물질을 순환시킨다. 중금속도 마찬가지다. 강물 속 미생물은 이 과정에서 매우 중요한 역할을 한다. 그러므로 미생물의 자연정화 원리를 잘 모방한다면 어떤 종류의 물질도 인체에 해롭지 않은 물질로 변환시켜 처리할 수 있다. 가장 안전하고 효과적인 방식, 그것은 바로 자연적인 방법이기 때문이다.

**tip**

BOD, COD란?

물의 오염 정도를 나타내는 용어. 물속에 분해해야 할 물질들이 많을수록 많이 오염된 것이라고 보면 된다. 물속 미생물이 생물학적으로 산소를 소비하는 것을 측정하는 방식을 BOD(Biological Oxygen Demand, 생물학적 산소 요구량), 화학적으로 산소를 소비하는 것을 측정하는 방식을 COD(Chemical Oxygen Demand, 화학적 산소 요구량)라고 한다. 물이 맑을수록 BOD와 COD는 낮다. 1급수는 1ppm 이하이며, 2급수는 1~3ppm이다. 현재 한강은 2~5ppm이며 팔당호는 1.1 ppm, 의암호는 0.7ppm이다.

30

# 나무에서 열리는 플라스틱
# 바이오매스

미국에서 집을 사는 경우 꼭 체크해야 할 사항이 있다. 바로 바퀴벌레와 흰개미의 유무이다. 바퀴벌레야 징그럽다는 것, 때로 병을 옮길 수도 있다는 것, 가끔 부엌 서랍에서 발견되어 사람을 놀라게 한다는 것 이외에는 집 자체에 큰 문제를 일으키지 않는다. 하지만 흰개미는 다르다. 자칫하다가는 집을 무너뜨릴 수도 있기 때문이다. 오죽하면 흰개미 처리 회사가 성업 중일까.

집을 쓰러지게 만드는 원리는 간단하다. 목조 건물이 많은 미국 집들의 경우 흰개미들이 목재를 먹어치우는 기세가 대단해서 집의 기둥까지 흔들리게 만들기 때문이다.

흰개미와 같은 조상에서 분류되었다고 알려진 바퀴벌레는 지구가 탄생한 이래 가장 오래된 곤충으로 우리가 어떻게 하면 이 지구상에서 오랫동안 살아남을 수 있을까에 대해 생각하게 만들었다. 그렇다면 흰개미는 우리 인간에게 무엇을 한 수 가르쳐줄 수 있을까? 바로 '목재를 갉아먹는 능력'일 것이다. 그리고 흰개미의 이러한 능력을 통해 인간은 원유를 대체할 힌트를 얻게 될지도 모른다.

## 자연이 만든 당구공, 플라스틱의 등장

상아로 만들어진 당구공은 단단한 데다 반발력을 가진 특성 때문에 당구가 18세기 미국의 스포츠로 각광받는데 큰 역할을 했다. 하지만 상아의 주공급원인 코끼리의 숫자가 부족해지면서 당구공을 만드는 회사에는 비상이 걸리게 되었다. 뾰족한 수가 없었던 그들은 일만 달러의 높은 상금을 해결책으로 내놓았다.

당시로는 거액이었던 상금을 받기 위해 한 과학자는 10년 간의 집념어린 도전 끝에 새로운 당구공을 만들었다. 이는 플라스틱이 세상에 첫 선을 보인 순간이었다.

이 물질과 저 물질을 섞어서 우연히 만들어진 플라스틱은 그 후 빠른 속도로 발전해나갔다. 자연에서 얻은 물질로만 생활을 하던 사람들에게는 새롭고 신기한 물건들이 플라스틱의 발명으로 등장하기 시작한 것이다.

대표적으로는 1940년대에 만들어진 나일론이 있다. 잡아당기면 늘어나는 신축성을 가진 나일론으로 스타킹을 만들자마자 그 수요는 폭발적으로 증가했다. 하루 백만 켤레가 팔리다시피 한 나일론 스타킹은 그 뒤 여인들에게 없어서는 안 될 필수품이 되었다.

이는 인공 합성섬유 시대의 시작을 알리는 계기가 되기도 했다. 지하의 원유에서 나오는 물질들이 지상의 사람들에게 물질의 풍요로움이란 바로 이런 것이다, 라는 사실을 일깨워준 사건이었고, 이는 바로 산업혁명의 단초가 되었다.

주위를 둘러보면 우리는 플라스틱으로 만든 물건에 둘러싸여 있음을 알게 된다. 전화기, TV, 바닥의 장판, 입는 옷, 쓰는 잉크, 부엌의 그릇, 정원의 호스….

오죽하면 창조주가 세상을 만들 때 유일하게 빼먹은 물건이 바로 플라스틱이란 우스갯소리가 나왔을까. 이렇듯 플라스틱으로 만들어진 물건들은 온 지구상에 빠른 속도로 퍼져나갔다. 하지만 이런 행복

플라스틱 세상. 우리 주변에 너무나 많은 플라스틱이 존재하고 있는 것은 아닐까?

의 순간도 얼마 남지 않은 듯하다. 바로 당구공을 만드는 플라스틱 원료의 샘물인 원유가 고갈되어가고 있기 때문이다. 이로 인해 사람들은 다시 한 번 더 거액의 상금을 걸어야 할지도 모른다. 혹은 위기에 빠진 지구를 구하기 위해서 우리는 도움을 요청할 만한 누군가를 찾아야 한다.

많은 과학자들이 이를 대체할 가장 유력한 후보로 흰개미를 들고 있다. 그들이 목재 주택을 위협하는 악명의 흰개미를 지구를 구할 수 있는 구원자로 낙점한 이유는 무엇일까?

## 흰개미가 다시 만들어낸 플라스틱

태평양 상공을 비행하던 한 조종사가 커다란 섬을 발견했다. 남한 크기의 14배에 달하는 이 거대한 섬은 새로운 섬이 아닌 쓰레기더미였다고 한다. 말하자면 태평양의 조류가 한 곳으로 돌면서 바다에 흩어진 쓰레기를 모은 것이다. 쓰레기 더미의 90% 이상이 플라스틱이었다고 하니, 이 얼마나 끔찍한 광경이었을까?

플라스틱은 이렇듯 썩지 않는다. 땅속에 묻어도 미생물에 의해서 분해되지 않는 것이다. 결국 다 쓴 플라스틱은 태울 수밖에 없다. 하지만 소각하는 데 많은 비용이 들고 공해 물질이 발생한다. 문명의 이기였던 플라스틱이 이제는 문명의 목을 옥죄고 있는 것이다. 그렇다면 해결책은 없을까?

과학계에서는 생분해되는 플라스틱을 만들어내는 것을 대안으로 생각하고 있다. 생분해(生分解, biodegradation)란 환경 중에 방출된 유기물질이 미생물에 의해 분해되는 것을 말한다. 이 생분해가 되는 플라스틱을 만드는 연구는 크게 두 방향으로 진행되고 있다.

첫 번째는 플라스틱에 녹말가루 같은 것을 섞는 방법이다. 이는 비교적 간단하고 저렴한 방법이라는 것이 큰 장점이지만 강도가 약하다는 단점이 있다. 두 번째는 플라스틱의 원료로 생분해되는 성분을 사용하는 것이다. 하지만 이 방법은 플라스틱의 강도는 유지할 수 있지만 단가가 비싸진다.

그렇다면 원료를 값싸게 얻는 방법이 없을까? 혹시 목재 분해의 왕인 흰개미는 그 답을 알고 있지 않을까?

흰개미는 그 답이 나무에 있다고 가르쳐준다. 나무를 분해하면 많은 물질이 나오게 되는데 그것들의 성분을 조금만 바꾸면 플라스틱을 만들 수 있기 때문이다.

나무의 주원료는 '셀룰로오스(식물체의 세포막 주성분)'라고 하는 딱딱한 결정이다. 흰개미의 주 전공은 이것을 잘게 부수어서 포도당으로 만드는 것이다. 물론 이 일은 흰개미의 장 내에 있는 박테리아들이 담당하고 있다. 셀룰로오스를 포도당으로 만들고 나면 이것을 장 내

나무를 분해하고 있는 흰개미. 이들이 나무에서 플라스틱의 원료를 만들 것이다.

의 다른 박테리아 등이 중간 물질인 젖산으로 만들거나 연료인 에탄올로 만들 수도 있다. 한 마디로 흰개미는 나무를 원유처럼 사용하고 있는 것이다. 젖산으로 만들어진 플라스틱은 생분해도 잘 되어 훨씬 환경친화적이다. 생분해도 되면서 원료도 쉽게 얻을 수 있는 것이다.

인간은 코끼리의 상아와 똑같은 성질을 가진 당구공을 만들어내기 위해서 노력했고 우연한 노력 끝에 플라스틱을 만들어냈다. 그리고 이제 우리 생활에서 플라스틱을 빼고는 다음 세상을 생각할 수 없게 되었다.

이제 의료 업계에서 없어서는 안 될 일회용 주사기에서부터 하다못해 일회용 반찬 그릇까지 모두 생분해되는 플라스틱으로 바꿀 수 있다. 우리가 함부로 베고 태우는 나무가 미래의 원유를 대체할 수 있는 주자로 떠오르고 있는 것이다. 바로 우리가 나무를 갉아먹는 주범으로 천대했던 흰개미에 의해서 말이다.

## 바이오매스, 미래의 원유

나무는 우리가 아끼고 보호해야 할 소중한 자원이다. 하지만 당장 나

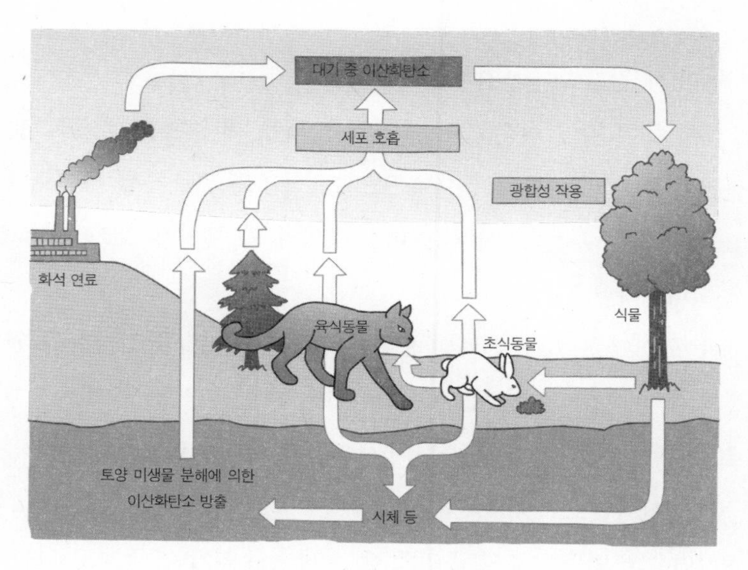

지구의 탄소 순환 과정. 자연 순환에 인간의 화석연료가 첨가되면서 균형이 깨지고 있다.

무를 미래의 원유로 쓰기에는 넘어야 할 산이 많다. 우선 나무가 자라는 데 물리적으로 시간이 많이 걸린다. 나무 한 그루를 키우는 데만 평균적으로 20년이 걸린다.

그렇다면 나무를 대체하면서도 빠른 속도로 자라는 식물은 없을까? 몇 달 만에 쑥쑥 자라는 옥수수는 어떤가? 하지만 옥수수를 공산품의 원료인 플라스틱이나 차량의 기름으로 사용하게 되면 옥수수 값이 요동칠 것이다. 그렇기 때문에 사람들이 먹는 식량과 직결된 식물을 에너지원으로 사용하는 것은 좋지 않은 방법이다. 즉 방을 데우려고 벼를 태울 수는 없다. 태우는 것, 즉 에너지용 식물은 먹을 수 없는 것을 사용할 때 경쟁력이 생긴다.

예를 들어 갈대 같은 것이 적절하다. 나무, 옥수수, 갈대 등과 같이 물건이나 연료의 원료 등으로 쓰이는 식물을 통틀어서 바이오매스(Biomass)라고 부른다. 이때 '바이오매스'의 의미는 '원료로서의 식물'을 의미한다.

바이오매스는 지구 전체의 순환에서 중요한 역할을 담당한다. 공기 중의 이산화탄소를 햇볕을 이용하여 고구마 같은 식물, 즉 바이오매스로 만드는 것이다. 이것을 사람이 사용하거나 자연 분해하여 다시 공기 중의 이산화탄소로 내보내면 된다.

자연은 이렇듯 순환의 구조를 갖고 있다. 우리가 지금 먹고 있는 햄버거의 고기는 어쩌면 몇 억 년 전 공룡의 뒷다리였을지도 모른다. 당구공은 어떤가? 먼 옛날 시조새의 뼈다귀였을지도 모를 일이다. 결국

이런 자연스런 순환이 지구 탄생 이래로 내내 이어져온 셈이다.

최근 들어 지구는 너무 많은 이산화탄소를 내놓기 시작했다. 연료를 쓰는 공장이 점점 더 많아졌고 에너지 절약에 대한 사람들의 경각심마저 떨어지면서 주요 에너지원이었던 원유는 이제 바닥을 드러내고 있다.

그뿐인가. 이른바 온실가스의 증가로 지구의 기온이 올라가면서 남극과 북극의 빙하가 녹고 있다. 북극곰은 더 이상 살 곳이 없어지게 되었다. 또한 오존층의 파괴와 해수면의 상승으로 자연재해가 끊이지 않고 발생하기 시작했다. 이는 곧 인간마저 위협하게 될 것이다.

그렇다면 우리는 어떻게 해야 할까? 이에 대한 해답은 간단하다. 자연으로 돌아가야 한다. 그 해답은 '바이오매스'에 있다. 그렇기 때문에 늦었다고 생각하지 말고 나무를 키워서 이산화탄소를 줄여나가야 한다. 그것이 원유와 플라스틱의 대체 원료가 될 것이다. 그렇게 된다면 플라스틱이 나무에서 열리고 스타킹이 갈대에서 만들어질 날을 좀 더 앞당길 수 있을 것이다.

## 생분해성 플라스틱 개발은 어디까지?

미국의 화학회사인 듀폰은 95℃에서도 사용할 수 있는 생분해성 고내열성 플라스틱을 개발했다. 이는 전자레인지에서도 견딜 수 있으며 다이옥신 등 인체에 해로운 유해물질을 배출하지 않는다. 미국의 에코바티브 디자인사는 녹말과 물, 과산화수소를 원료로 버섯균을 활용해 생분해성 스티로폼을 개발했다. 이 스티로폼은 기존 스티로폼처럼 단열과 방음은 물론 방화 기능까지 갖추고 있다. 일본의 NEC는 폴리에스터 제조사인 유니티카와 공동으로 바나나에서 뽑아낸 천연섬유를 이용해 생분해성 플라스틱을 개발했다. 이것은 휴대폰 케이스에 필요한 내성, 성형성, 내열성을 만족시켜 NTT 도코모의 휴대폰 전면 케이스에 사용되고 있다. 이밖에도 스페인의 피그트리 팩토리 스튜디오는 생분해성 플라스틱을 사용해 100% 자연 분해되는 신발을 출시했다. 이 신발은 아마존 원주민들이 맨발로 생활하는 것에 착안해 제작되었다.

자연에서 발견한 위대한 아이디어 30



**1쇄 발행** 2013년 4월 30일
**5쇄 발행** 2020년 11월 30일

**지은이** 김은기
**일러스트** 지호태 배효진

**발행인** 윤을식
**펴낸곳** 도서출판 지식프레임
**출판등록** 2008년 1월 4일 제 2016-000017호
**주소** 서울시 동대문구 청계천로 505, 206호
**전화** (02)521-3172 | **팩스** (02)6007-1835

**이메일** editor@jisikframe.com
**홈페이지** http://www.jisikframe.com

ISBN 978-89-94655-26-0 (03550)